FÜHRUNGSKRAFT

Erfolgreiche Mitarbeiterführung durch emotionale Intelligenz.

Impressum:

Cherry Media GmbH
Bräugasse 9
94469 Deggendorf
Deutschland

INHALTSVERZEICHNIS

Kostenfreies e-Book Inklusive

Beim Kauf jedes Taschenbuches von Cherry Media ist das e-Book **kostenfrei** für Sie **inkludiert**. Gehen Sie dazu einfach auf

https://link.cherrymedia.de/EPUB

oder scannen Sie den QR Code oben. Auf der Seite können Sie dann Ihren einmalig gültigen Zugangscode eingeben. Den **Zugangscode** zum e-Book finden Sie auf der **letzten Seite** des Taschenbuchs

Wir wünschen **viel Freude** mit Ihrem **kostenfreien** e-Book!

Haben Sie Fragen zu Ihrem e-Book? Wir sind gerne für Sie da!

Sie erreichen Sie uns unter info@cherrymedia.de

EINLEITUNG

. . . . .

WER IN EINEM UNTERNEHMEN als Führungskraft gilt, ist die Karriereleiter schon weit nach oben gekommen. Die Führungskraft hat intern, aber auch außerhalb der Firma einen hohen Stellenwert und enormen Prestige. Nicht wenige Angestellte wünschen sich eine leitende Position, in denen sie die Führung anderer Mitarbeiter übernehmen können und sich durch die Anstellung in der oberen Firmenetage profilieren können.

Aber wie wird man Führungskraft, und zwar eine gute, die nicht nur bei oberen Chefs gut ankommt, sondern auch von untergeordneten Angestellten geschätzt und respektiert wird?

In diesem Ratgeber erkläre ich Ihnen nicht nur, warum gute Führungskräfte so wichtig für ein Unternehmen sind, welche Aufgaben sie zu leisten haben, sondern auch wie Sie durch einfache Übungen Ihre ganz persönlichen Fähigkeiten als leitender Angestellter verbessern, und dadurch die Karriereleiter vielleicht sogar noch ein Stück weiter erklimmen können.

Wo liegt der Unterschied zwischen Manager und Führungskraft?

Oft wird von Außen betrachtet eine Führungskraft auch aus Leiter oder gar Manager eines Unternehmens betrachtet. Dies ist jedoch nicht ganz korrekt. Generell muss man sagen, dass die Auslegung von einem leitenden Angestellten von Unternehmen zu Unternehmen ganz unterschiedlich ausfallen kann. Leitende Angestellte, denen die Führung von Teams oder einzelnen Mitarbeitern obliegt, sind nicht unbedingt direkt Manager einer Firma. Je nach Unternehmensstruktur und Größe einer Firma unterliegen selbst Führungskräfte wiederum einem oberen Angestellten, bis es in der Firmenhierarchie zum Unternehmensleiter oder Firmeninhaber kommt.

Manager haben meist, anders als die Führungskräfte, wirtschaftliche Aufgaben. Sie sind nicht nur dazu da, ihren Mitarbeitern Aufgaben zu stellen oder neue Angestellte einzustellen, Manager arbeiten auch mit den Finanzen des Unternehmens und haben rechtliche Entscheidungen zu fällen.

Weshalb sollten Sie Führungskraft werden?

Wer Angestellte leitet, der hat es weit nach oben geschafft. Sicherlich ist der Sprung auf der Karriereleiter ein großer Anreiz für so manchen Angestellten, der überlegt, ob er sich auf eine leitende Position bewerben soll.

Falls Sie mit dem Gedanken spielen, sich für die Führungsebene bewerben zu wollen, sollten Sie sich zunächst mit sich selbst auseinander setzen und sich gut überlegen, warum Sie Führungskraft werden wollen.

Ist es der Anreiz auf mehr Geld? Stellt das Unternehmen für das Sie arbeiten leitenden Angestellten vielleicht einen Firmenwagen zur Verfügung, der sich natürlich dann auch auf Ihrem eigenen Bankkonto bemerkbar macht?

Ist es das Streben nach mehr Anerkennung, das die Stellung in der Führungsebene für Sie so interessant macht? Wollen Sie Macht über die Mitarbeiter ausüben? Wollen Sie erfolgreicher sein als andere Angestellte?

Oder haben Sie einfach mal Lust, eine andere Tätigkeit auszuüben, bei der Sie einfach mal der Chef sind und nicht strikt nach Anweisungen eines Anderen arbeiten müssen?
Die Gründe können von Person zu Person ganz anders ausfallen. So individuell wie wir Menschen sind, so grundverschieden sind auch unsere Vorstellung von einer Karriere.

Wenn Sie tief in sich gegangen sind und gute Gründe gefunden haben, wieso Sie den Schritt wagen sollten und sich für eine Anstellung in der Führungsetage zu bewerben, dann sollten Sie diese Gründe immer im Hinterkopf haben.

Warum braucht ein Unternehmen Führungskräfte?

Führungskräfte werden in einem Unternehmen in erster Linie benötigt, damit sie Aufgaben delegieren können. In einem großen Unternehmen ist es wichtig, dass alle Mitarbeiter Hand in Hand im Sinne des Unternehmens handeln. Damit die einzelnen Mitarbeiter auch optimal handeln können, muss jeder genau wissen, welche Anforderungen an ihn gestellt werden. Führungskräfte übernehmen diese Aufgabe insofern, dass sie den ihnen zugeteilten Mitarbeitern Aufgaben übertragen und genau festlegen, wie diese Aufgaben zu erledigen sind. Der leitende Angestellte überwacht die Bearbeitung der Aufgabe und hilft, wenn Probleme auftreten.

Eine gute Führungskraft sorgt bei seinen Angestellten, dass diese ihre Ziele kennen und die Möglichkeit haben, dieses Ziel erreichen zu können. Die Aufgabe einer Führungskraft ist, die Kontrolle über seine Angestellten zu haben, diesen jedoch auch Raum für eigene Ideen und konstruktiven Vorschlägen zu lassen.

In der leitenden Position ist es auch wichtig, dass Sie als Führungskraft dazu in der Lage sind, ihre Mitarbeiter zu fordern und ihre Eigenschaften zu fördern, damit das wirtschaftliche Ziel des Unternehmens schnell erreicht werden kann.

Was sind genau die Aufgaben einer Führungskraft?

- Ziele festlegen

    Das bevorstehende Projekt, die Gewinnung eines neuen Kunden, die Werbeanzeige für das neue Produkt. In der freien Marktwirtschaft gibt es zahllose Ziele, die ein Team eines Unternehmens bewerkstelligen muss. Damit Ihr Team auch genau weiß, wo das Ziel ist, obliegt Ihnen als Führungskraft die Aufgabe, das Ziel klar und deutlich zu stecken.
    Setzen Sie Ihrem Team Tagesaufgaben um Stück für Stück an das bevorstehende Ziel zu kommen, zeigen Sie den Mitarbeitern Wege auf, denen die Angestellten folgen können um das bestmögliche Ergebnis für das Unternehmen zu erzielen.

- Systeme erschaffen

Als Führungskraft ist es Ihre Aufgabe, Modelle zu erschaffen, mit denen Ihr Team zielgerichtet und effektiv arbeiten
kann. Dazu zählen nicht nur die Entwicklung von internen
Prozessen, mit denen sich das Ziel des Unternehmens
schnell erreichen lässt, sondern auch neue Ideen, wie
Mitarbeiter immer schneller und besser arbeiten können.

- Mitarbeiter einstellen

Je nach Firmenstruktur obliegt Ihnen, vielleicht mit wei-
teren leitenden Angestellten, die Einstellung von neuen
Mitarbeitern. Fehlt es in Ihrer Abteilung an kompeten-
ten Mitarbeitern, so obliegt es Ihnen, neue, fähige Kräfte
in die Abteilung zu holen. Dazu gehört natürlich nicht
nur die Ausschreibung einer Anzeige, sondern auch die
Durchführung von Einstellungsgesprächen oder Tests.
Sie müssen aus der Vielzahl der Bewerber die richtige
Entscheidung fällen und einen geeigneten Mitarbeiter für
Ihre Abteilung finden.

- Mitarbeiter anleiten

In den besten Fällen kommen gute Führungskräfte aus
den eigenen Reihen, die sich durch harte Arbeit nach oben
gearbeitet haben. Dies hat den großen Vorteil, dass Sie
später als leitender Angestellter genau wissen, worauf es
bei der tagtäglichen Arbeit ankommen. So können Sie
neue Mitarbeiter, aber auch erfahrene Angestellte anleiten,
damit das gesteckte Ziel unkompliziert und schnell erreicht
werden kann. Als leitender Angestellter sollten Sie genau
wissen, worauf es ankommt. Helfen Sie den Angestellten,

wenn es zu Problem kommt. Zeigen Sie Ihrem Team Lösungen auf, lassen Sie Ihre Leute niemals im Regen stehen, wenn eine Aufgabe Unverständnis hervorruft. Überlegen Sie sich eigene Lösungsvorschläge, die Sie dem Team präsentieren können, falls die Mitarbeiter bei der harten Arbeit das Ziel aus den Augen verloren haben.

- Motivieren Sie Ihre Angestellten

Eine der wichtigsten Aufgaben eines leitenden Angestellten ist die Motivation der Mitarbeiter. Jeder kennt dieses Gefühl, wenn man denkt, die Arbeit sei eintönig und würde uns auf der persönlichen Ebene nichts bringen. Genau das sind die Momente in denen Sie als gute Führungskraft gefragt sind. Sie sind Ansprechpartner und müssen genau erkennen, wann es Ihrem Team an Motivation fehlt. Gehen Sie optimistisch an Ihre Angestellten ran, helfen Sie dem Team mit einem Denkanstoß wieder in den Arbeitsflow zu gelangen.
Als leitender Angestellter müssen Sie wissen, wann es Ihren Angestellten an Motivation mangelt und sie ihnen wieder zurückgeben.

- Sie sind Ansprechpartner bei Problemen

Der leitende Angestellte verteilt nicht nur Arbeitsaufträge und hilft dabei, die wirtschaftlichen Ziele des Unternehmens zu verfolgen. Er gilt als Leiter eines Teams auch als Ansprechpartner für seine Mitarbeiter.
Kommt es zu Schwierigkeiten unter den einzelnen Mitarbeitern, gibt es Probleme im Team, Fehlt das Verständnis für die gestellte Aufgabe? Mit all diesen Schwierigkeiten kommen Mitarbeiter zu ihrem leitenden Angestellten.

Sie müssen offen bleiben für die Anliegen Ihrer Angestellten und sich empathisch auf die Sorgen und Probleme einstellen. Ihre Aufgabe ist es, ein motiviertes und kompetentes Team bei der täglichen Arbeit aufrecht zu halten und unterstützend mitzuwirken.

- Dem Unternehmen dienlich sein

Der leitende Angestellte handelt immer im Interesse seiner Firma. Hat diese bereits eigene Philosophien zum Thema Führungskräfte etabliert, sollten Sie als leitender Angestellter diese Philosophie auch weiterleben und das Team im Sinne der Firmenphilosophie führen.
Denken Sie immer wirtschaftlich. Auch als leitender Angestellter haben Sie einem Vorgesetzten, die Sie Ihre Verdienste für das Unternehmen präsentieren müssen. Zeigen Sie, dass Sie stets im Sinne der Firma handeln und auch Ihren Mitarbeitern diese Philosophie zeigen.
Wer stets darauf bedacht ist, das Unternehmen weiterzubringen, hat auch die Chance, selbst karrieremäßig aufsteigen zu können. Interessierte und motivierte Mitarbeiter, die das Unternehmen weiter bringen, sind die der obersten Chefetage gern gesehen.

- Sich selbst einbringen

Krankheitsbedingt oder durch längere Fortbildungen kommt es in jeder Firma einmal zu einem Mitarbeiter Engpass. Auch als Führungskraft sollten Sie sich nicht zu schade sein, wichtige Aufgaben selbst zu übernehmen. Zeigen Sie so Ihrem Team, dass Sie sich nicht höher stellen als das Team, sondern dass Sie auch bereit sind, einfache Aufgaben zu übernehmen.

Bringen Sie sich immer wieder ein um zu zeigen, dass Sie die Arbeit des Teams Wert schätzen können. Auch als Chef sind Sie ein wichtiger Teil des Teams.

- entbehrlich bleiben

Führen Sie Ihre Angestellten auf eine subtile Weise und zeigen Sie Ihnen, dass Sie als Führungskraft nicht ständig erreichbar sein müssen, damit ein Arbeitsprozess gut gelingen kann. Sie müssen auch nicht immer die Tätigkeiten des Teams überwachen und so zeigen, dass Sie den Überblick haben.

Die Kunst einer guten Führungskraft ist oft die, dass man als führender Angestellter nicht wahr genommen wird. Bei einem gut geführten Team bedarf es gar keiner Führung im eigentlichen Sinne, denn der tägliche Arbeitsprozess ist bei den einzelnen Mitarbeitern so verinnerlicht, dass die Arbeit auch ohne leitenden Angestellten läuft. Natürlich sollten Sie bei Problemen oder Schwierigkeiten immer zu Stelle sein und die Anliegen der Mitarbeiter immer Ernst nehmen.

Führen Sie das Team so, dass es auch in Ihrer Abwesenheit optimale Ergebnisse schaffen kann. Wenn dies gelingt, haben Sie sich als gute Führungskraft erwiesen.

Ein Beispiel dazu:
Sie beauftragen Ihre Mitarbeiter ein Werbeprojekt bis zum Ende der kommenden Woche fertigzustellen. Sie selbst können die Arbeiten nicht leiten, da Sie zu einer länger dauernden Fortbildung müssen.

Nach dieser Zeit kommen Sie in Ihr Büro zurück und der Kunde hat sich bereits begeistert von den Arbeiten zum bevorstehenden Werbeprojekt gezeigt. Ihr Team kann nach klarer Anweisung die Aufgabe selbstständig bearbeiten. Sie brauchten dazu keinen leitenden Angestellten, der die Aufgabe erneut erklärt oder Fragen beantwortete.

Trauen Sie Ihrem Team wichtige Aufgaben an, zeigen Sie den Angestellten, dass Sie zuversichtlich sind, dass sie diese Anforderungen allein bewältigen können.

Was macht eine gute Führungskraft aus?

Wie in jeder Branche gibt es durchschnittliche und gute Kräfte. Dies zeigt sich besonders bei Führungskräften.
Durchschnittliche Führungskräfte führen ein ebenso durchschnittliches Team, dass zwar Anforderungen aus der obersten Etwa erfüllen kann, sich aber nicht von anderen Abteilungen abheben kann.

Ein sehr guter leitender Angestellter kann seine Mitarbeiter motivieren, zeigt Einsatzbereitschaft und verdeutlicht dies auch bei seinem Team, dass eine überdurchschnittliche Leistung zeigen kann.

Eine gute Führungskraft führt seine Mitarbeiter nicht nur durch fachliches Wissen und Können, sondern zeigt seine Stärken auch durch emotionale Intelligenz und herausragende Soft Skills.

Durch die besonderen Stärken kann sich der leitende Angestellte einen herausragenden Führungsstil aneignen, der sich auch in der Arbeitsweise seines Teams verdeutlicht.

Die gute Führungskraft arbeitete nach diesen Vorsätzen:

1. Führe Dich selbst, dann führe Dein Team

Schon in der Bibel hieß es, jeder ist sich selbst der Nächste. Dies gilt vor allem in der freien Marktwirtschaft, die oft knallhart ist. Auch für eine Führungskraft, die mehrere Mitarbeiter leiten muss, gilt dieser Spruch in erster Linie. Zunächst besinnt sich die Führungskraft auf sich selbst, muss sehen mit welchen Mitteln er sein Team anleiten kann, damit der Sinn der Unternehmens erreicht werden kann.

Führe Dich selbst bedeutet, dass Sie Ihre Arbeit stets selbst verbessern müssen, damit Sie ein perfektes Team optimieren können. Arbeiten Sie an sich und Ihren Fähigkeiten, nutzen Sie jede Chance zur Fortbildung um immer auf dem neusten Stand bleiben zu können. Lassen Sie sich nicht von anderen Angestellten überholen, bleiben Sie selbst auf der Überholspur. Erst dann, wenn Sie sich und Ihre Fähigkeiten optimiert haben, können Sie ein erfolgreiches Team aus kompetenten Mitarbeitern zu besten Leistungen antreiben und führen.

2. Diene dem Sinn des Unternehmens

Auch wenn Sie ganz persönlich anderer Meinung sind als ihr oberster Chef, Sie müssen die Anforderungen des Unternehmens entsprechen und stets im Sinne der Firma dienen. Verinnerlichen Sie die Vorstellungen Ihrer Vorgesetzten und bringen Sie auch Ihrem Team diesen Sinn bei. Wer sich mit seiner Firma identifizieren kann, der schafft es auch, ein Team so zu leiten, dass es das Unternehmen schnell weiterbringen kann. Nur wenn Sie sich voll und ganz der Philosophie verschreiben, können Sie vollen Einsatz als leitender Angestellter zeigen. Diesen Einsatz sollten Sie auch an Ihr Team geben. Jeder einzelne Angestellte sollte Stolz sein, dem Unternehmen angehören zu dürfen und muss dann auch seine ganze Kraft in das Unternehmen stecken.

Jeder weiß, dass man in einem erfolgreichen Unternehmen die Möglichkeit hat, auf der Karriereleiter weiter zu kommen oder einen finanziellen Ausgleich für seine gute Arbeit erhält.

3. Fordern, aber auch Fördern

Sie dürfen als leitender Angestellter vollsten Arbeitseinsatz bei

Ihrem Mitarbeitern erwarten. Ihre Mitarbeiter müssen diszipliniert arbeiten und sich voll und ganz auf die Anforderungen konzentrieren.

Betreuen Sie Ihre Mitarbeiter nicht mit Aufgaben, die nicht ihren Möglichkeiten entsprechen. Damit sind nicht nur Aufgaben gemeint, die nicht in den Kenntnisbereich des jeweiligen Angestellten fallen, sondern auch Aufgaben, die unter dem Niveau des Teams sind. Wenn sich ein Mitarbeiter immer nur mit unwichtigen Aufgaben befassen muss, wird er nicht richtig gefordert und kann seine Arbeitsleistung nicht voll entfalten. Unmotiviertheit bis hin zu psychischen Problemen können die Folge von falschen Arbeitsaufgaben sein.

Es ist als Führungskraft ihre Aufgabe, die individuellen Möglichkeiten jedes einzelnen Mitarbeiters zu kennen und ihm die Aufgaben anzuvertrauen, die diesen Angestellten fordern, aber auch fördern. Sie dürfen und sollen ihn mit Anforderungen vertraut machen, die seinen Fähigkeiten entsprechen und die Kenntnisse fördert.
In einem Team gibt es Mitarbeiter mit unterschiedlichen Kenntnisständen und persönlichen Fähigkeiten. Wenn Sie es als gute Führungskraft schaffen, die einzelnen Fähigkeiten der individuellen Mitarbeiter so zu fordern und fördern wie es dem Naturell entspricht, können Sie die Arbeitsleistung in Ihrer Abteilung schnell optimieren.

Mitarbeiter, die mit wichtigen Aufgaben bedacht werden, können ihre Leistung und das Selbstbewusstsein stärken und motiviert nach getaner Aufgabe hervorgehen. Halten Sie Ihr Team bei Laune indem Sie individuelle Arbeitsaufträge an die geeignetesten Mitarbeiter verteilen.

4. Projekte anstoßen

Als leitender Angestellter sind Sie nicht nur dazu da, Arbeitsprozesse zu überwachen und Fehler aufzudecken. Laden Sie Ihr Team regelmäßig zum Brainstorming ein und geben Sie Denkanstöße für neue Projekte. Durch diesen Input können neue Ideen entwickelt werden und das gesamte Team bekommt einen neuen Anreiz für eine motivierte Arbeit. Sie dürfen und sollen sich als Führungskraft in die Entwicklung neuer Projekte einbinden und können beim Brainstorming auch gute Erkenntnisse über die Fähigkeiten der Mitarbeiter gelangen. Seien Sie offen für Ideen der Angestellten und lernen Sie Ihr Team bei regelmäßigen Brainstormings immer wieder neu kennen.

Mitarbeiter entwickeln sich, wie Sie auch, immer weiter und können so dem Unternehmen in unterschiedlicher Weise zu neuen Erfolgen verhelfen.

5. Prioritäten setzen

Als Führungskraft liegt es in Ihrer Hand zu entscheiden, welche Prioritäten in Ihrer Abteilung gesetzt werden.
Wo liegt der Fokus in Ihrem Team, welches Projekt muss als dringlich bezeichnet werden, welche Aufgabe kann auf den nächsten Tag verschoben werden?

Sie sind dafür verantwortlich, die wichtigen Entscheiden innerhalb der Abteilung zu fällen und müssen gegebenenfalls in der Chefetage die Konsequenzen ziehen.

Sie entscheiden ob ein neuer Angestellter in das Team aufgenommen werden soll oder ob das Team mit der Arbeitserwartung zurecht kommt. Fokussieren Sie sich und verinnerlichen Sie die Situation um richtig entscheiden zu können, welche Dinge gerade wirklich wichtig sind.

6. Nehmen Sie anderen nicht die Arbeit weg

Ein leitender Angestellter hat mit der Führung seines Teams genug Arbeit und muss auch mal wichtige Aufgaben an sein Team delegieren.

Mitarbeiter bevorzugen eine Führungskraft die auch mal mit anpacken kann, allerdings möchte auch der kleine Angestellte zeigen, was er kann. Deshalb: Als Führungskraft dürfen Sie auch mal die wichtige Aufgabe übernehmen. Geben Sie Ihrem Mitarbeiter aber niemals das Gefühl, dass Sie ihm die Arbeit wegnehmen, weil Sie dem Mitarbeiter den Abschluss der Aufgabe nicht zutrauen.
Wenn Not am Mann ist, sollten und müssen Sie dringliche Aufträge auch als Führungskraft abarbeiten, aber nie sollten Sie spannende oder interessante Arbeitsaufträge den Mitarbeitern vor der Nase wegschnappen. So zeigen Sie, dass Sie Ihren Mitarbeitern vertrauen und auch schwierige Aufgaben zutrauen, und Sie nehmen sich selbst nicht zu wichtig, indem Sie die besten Aufträge selbst bearbeiten.

7. Systeme schaffen

Ein gut geführtes Team lebt von der Routine. Setzen Sie klare Systeme, die zur Bearbeitung von Aufträgen angewendet werden. Führen Sie in Ihrem Team Möglichkeiten ein, die es den Angestellten einfach machen, klare Aufgaben zu erledigen, Ziele möglichst erfolgreich und schnell anzustreben.

Denken Sie sich ein gut strukturiertes System für Ihre Abteilung aus, das Arbeitsvorgänge vereinfachen und optimieren kann. Geben Sie Ihrem Mitarbeitern neuen Input, zeigen Sie sich konstruktiv und vereinfachen Sie so den Arbeitsalltag für das gesamte Team.

8. Arbeiten Sie immer mit Feedback

Lob, aber auch Kritik gehören immer in den Arbeitsalltag dazu. Wichtig ist, dass es nach einer erledigten Aufgabe immer ein Feedback mit den Angestellten gibt. Laden Sie Ihr Team nach den erledigten Projekt dazu ein, die Zusammenarbeit noch einmal Revue passieren zu lassen. Reflektieren Sie gemeinsam, was hätte besser laufen können oder müssen, was ist besonders gut gewesen?

Durch das Feedback nach einer erledigten Aufgabe können Sie so direkt Schlüsse auf das Arbeitsverhalten des Teams geben. Wer arbeitet gut zusammen, wer eher nicht, wo kann man die Arbeitsweise verbessern?

Erfolgreiche Führungskräfte arbeiten immer mit Feedback. Holen Sie sich den einzelnen Mitarbeiter in Ihr Büro und loben Sie ihn für die geleistete Arbeit.

Mitarbeiter, die ein gutes Feedback für ihre Tätigkeiten erhalten, möchten diese auch beim nächsten Projekt einbringen. So helfen Sie dem jeweiligen Mitarbeiter, seine Fähigkeiten noch zu verbessern und motiviert an das neue Projekt herangehen zu können.

Führen Sie regelmäßige Termine ein, zu denen Sie die Angestellten einladen um mit ihnen über Ihre Tätigkeit in der Firma zu sprechen. Notieren Sie sich dazu für jeden einzelnen Mitarbeiter positive, aber auch negative Aspekte, die Sie dann ansprechen sollten. Wer in sachlichem Ton Kritik übt, kann seinen Mitarbeiter so motivieren, sich zu verbessern und den Kritikpunkt für das nächste Mitarbeitergespräch sogar zu verringern oder gar zu eliminieren.

Wichtig dabei ist immer, dass ein positives oder negatives Feedback sachlich vorgetragen wird. Der Mitarbeiter wird dann auf die einzelnen Dinge eingehen und sicherlich versuchen, seine Arbeitsweise zu optimieren.

9. Immer besser werden und neue Kenntnisse nutzen

Wenn ein Team immer bei alten Strukturen bleibt, wird es früher oder später von anderen Teams überholt. Für Sie als erfolgreiche

Führungskraft bedeutet das, dass Sie in der Abteilung immer Augen und Ohren offen halten müssen, und neue Anreize schaffen, damit Ihr Team nicht in den alten Trott verfällt. Dieser verschlechtert und verlangsamt das Arbeitsklima so, dass die gewünschte Leistung nicht mehr erbracht werden kann.

Deshalb überprüfen Sie von Zeit zu Zeit die Systeme in der Abteilung und überdenken Sie die bisherige Arbeitsstruktur. Neue Anreize schaffen nicht nur neue Motivation, sondern verhelfen durch verbesserte Systeme auch eine Erleichterung am Arbeitsplatz, die wiederum eine schnellere Bearbeitung der Aufgaben mit sich bringt.

Nutzen Sie die Möglichkeiten zur beruflichen Weiterbildung und geben Sie auch Ihren Mitarbeitern die Chance, sich durch Fortbildungsmaßnahmen weiterzuentwickeln.

Von der Weiterbildung eines Mitarbeiters kann das ganze Team im Nachhinein profitieren, denn der Angestellte, der durch die Fortbildung neue Erkenntnisse gewonnen hat, bringt diese auch in seiner Abteilung mit ein und zeigt seinen Mitarbeitern (vielleicht auch Ihnen als Führungskraft) die neuen Möglichkeiten.

Fortbildungsmaßnahmen sind für Angestellte ohnehin eine optimale Möglichkeit, einmal auf dem Büroalltag entfliehen zu können, neue Kraft und neue Ideen sammeln zu können und sich mit den neuen Erfahrungen wieder voll und ganz den Anforderungen des Unternehmens stellen zu können.

10. Kommunizieren Sie mit Ihrem Team

Viele durchschnittliche Führungskräfte machen den Fehler, dass sie mit ihren Angestellten zu wenig kommunizieren. Durch fehlende Aussprachen oder Missverständnisse kommen Arbeitsvorgänge immer wieder ins Stocken, Aufgaben werden doppelt erledigt und kosten so unnötig viel Zeit. Nutzen Sie die vielseitigen Möglichkeiten der Kommunikation. Sprechen Sie mit Ihrem Angestellten, fragen Sie den Mitarbeiter nach seinen Ideen für das neue Projekt, lassen Sie ihn offen reden und hören Sie dann auch genau zu. Vielleicht hat der sonst so unscheinbare Mitarbeiter eine großartige Idee für die neue Werbemaßnahme oder das neue Produkt, dass demnächst auf den Markt kommen soll.

Geben Sie den Angestellten die Möglichkeit, sich mit Ihnen auszutauschen. Seien Sie offen für Gespräche oder bieten Sie an, über das Intranet zu kommunizieren.

Die fehlende Kommunikation innerhalb der Firma ist oft Schuld daran, das Prozesse langwierig ablaufen, das Missverständnisse entstehen oder das Probleme auftauchen, die mit ein paar wenigen Worten aus der Welt geschafft werden können.

11. Bleiben Sie menschlich

Ein Chef ist keine Überfigur, sondern ein Mensch wie jeder andere auch. Dies müssen Sie auch Ihren Mitarbeitern vermitteln. Zeigen Sie dem Team, dass Sie sich nicht als übergeordneter Boss sehen, sondern dass Sie einer von Ihnen ist, der eine Zusatzaufgabe, nämlich die der Führungskraft inne hat. Es ist bewiesen, dass eine Führungskraft, die seinen Mitarbeitern auf gleicher Augenhöhe begegnet, viel bessere Leistungen mit seinen Mitarbeitern erzielen kann als die Führungskraft, die sich erhaben über den Dingen gibt. Erzählen Sie nach dem Wochenende auch mal eine Anekdote aus dem Alltag, interessieren Sie sich für die Geschichten der Angestellten und zeigen Sie sich emphatisch wenn es um die privaten Belange des einzelnen Mitarbeiters geht. Zeigen Sie, dass auch Sie ein Mensch mit Emotionen sind, der sich in seine Angestellten hineinversetzen kann.

Die emotionale Intelligenz ist das, was eine gute Führungskraft ausmacht.

Durch Soft Skills und emotionaler Intelligenz können Sie eine gute Führungspersönlichkeit werden, die gemeinsam mit dem Team gute Leistungen liefern kann, sondern auch kommunikativ auf einer Ebene ist.

Warum Soft Skills so wichtig für eine Karriere in der Führungsetage sind

Neben den fachlichen Kompetenzen die einen Bewerber für die Führungsposition auszeichnen, sind die Soft Skills immer mehr zu Bedeutung gekommen. Die sozialen Kompetenzen sind besonders bei Führungskräften von großer Bedeutung, denn die sogenannten Soft Skills zeigen deutlich auf, ob ein Bewerber die Qualitäten zur Führungskraft hat oder nicht.

Nur wer sich durch seine soziale Kompetenz auszeichnet, kann es als eine gute Führungskraft ganz nach oben schaffen.

Welche Soft Skills benötige ich für den Job als leitender Angestellter?

Für den leitenden Angestellten sind folgende soziale Kompetenzen wichtig, damit er seine Aufgaben als kompetente Führungskraft meistern kann:

1. Kommunikation

Diese persönliche Eigenschaft ist nahezu in jedem Beruf wichtig. Nicht nur als Führungskraft sollten Sie sich in rhetorischen Dingen auskennen.

Besonders wer als Teamleiter mit unterschiedlichen Menschen zu tun hat, muss die Kommunikation als ein Mittel ansehen, dass Missverständnisse auslöschen und Probleme schnell beseitigen kann. Nutzen Sie als leitender Angestellter die verschiedenen Wege der Kommunikation und verstecken Sie sich nicht hinter Bergen von Akten in Ihrem Büro. Eine Führungskraft muss immer offen sein für die Kommunikation mit seinem Team und muss diese Chance nutzen um gemeinsam mit dem Team bestmögliche Leistungen erbringen zu können.

Die Kommunikation ist natürlich auch ein wichtiges Mittel um Aufgaben deutlich zu machen. Wer klar kommuniziert, beugt Missverständnissen vor, kann Konflikte schnell bewältigen und sich empathisch zeigen.

Übung:
Auch wenn Sie bislang noch kein Meister der Rhetorik sind, die können die eigene Fähigkeit zu einer guten Kommunikation lernen.

Nutzen Sie jede Gelegenheit für einen Smalltalk. Ob im eigenen Büro, mit dem Pförtner oder in der Bäckerei, halten Sie einen kleinen Plausch mit Fremden Personen um ihre rhetorischen und kommunikativen Fähigkeiten zu stärken. Als Führungskraft dürfen Sie keine Scheu zeigen, wenn es zu einer Aussprache mit Vorgesetzten oder Mitarbeiter kommt. Wenn Sie jeden Tag nutzen um mit fremden, aber auch bekannten Personen zu kommunizieren, merken Sie schnell, dass Sie jedes Mal selbstsicherer bei der Kommunikation werden. Setzen Sie klare Statements im Gespräch mit dem Team, halten Sie auch beim Gespräch mit dem Chef nicht zurück, übernehmen Sie im Gespräch mit einem Kunden die Gesprächsführung und stellen Sie die geplanten Projekte sympathisch, empathisch und selbstbewusst vor.

2. Repräsentation

Sie repräsentieren als Führungskraft das Unternehmen für das Sie arbeiten. So wie sich das Unternehmen nach Außen hin zeigt, so müssen Sie sich auch Ihrem Team gegenüberstellen. Dies zeigt sich nicht nur in Ihrer optischen Erscheinung, sondern auch in der Art wie Sie sich geben.

Sind Sie beispielsweise für ein Unternehmen tätig, dass Produkte für Jugendliche verkauft, dann dürfen Sie auch gern im Büro Ihre jung gebliebene Seite zeigen. In der Versicherungsbranche zeigt man sich eher seriös und gediegen.

Können Sie das Unternehmen nach Außen hin verkörpern, so sind Sie auch in der Führungsetage eine gefragte Persönlichkeit.

Übung:

Verinnerlichen Sie sich die Botschaft Ihres Unternehmens. Werden Sie sich immer wieder bewusst, wofür das Unternehmen für das Sie arbeiten steht. Nutzen Sie innerbetriebliche Maßnahmen, um sich mehr in die Strukturen der Firma einleben zu können.

Wie ein Mantra können Sie sich die Werte, die man in dem Unternehmen schätzt, immer wieder vorsagen und so verinnerlichen. Wer sich voll und ganz mit seiner Firma identifiziert, wird unbewusst zu einer besseren Arbeitsleistung verleitet.

3. Begeisterungsfähigkeit

Auch wenn Sie sich selbst für das neue Projekt total begeistern können, Sie müssen als starke Führungspersönlichkeit dafür sorgen, dass auch Ihre Mitarbeiter voller Begeisterung an diesem Projekt arbeiten werden.

Haben Sie die besondere Fähigkeit, andere mit Ihrer Begeisterung anstecken zu können? Dann sind Sie die richtige Person für die

Führungsetage.

Motivieren Sie Ihre Angestellten zu Höchstleistungen und begeistern Sie das ganze Team auch an trüben Tagen.

4. Durchsetzungsvermögen

Als Chef müssen Sie der Macher sein, der seine Vorstellungen in seinem eigenen Team durchboxen kann. Wenn Ihre Mitarbeiter Ihnen auf der Nase herum tanzen und Sie nicht wissen wie Sie diesen Flohzirkus beenden können, dann sind Sie leider keine gute Führungspersönlichkeit. Sie müssen die Kompetenz haben, sich gegen Ihre Mitarbeiter durchsetzen zu können und sich notfalls auch mit harten Bandagen gegen den ein oder anderen Mitarbeiter durchboxen.

Setzen Sie die Ziele durch, die Sie sich durch die gute Zusammenarbeit mit Ihrem Team wünschen. Zeigen Sie Stärke wenn ihre Mitarbeiter einmal unmotiviert sind und fordern Sie jeden Einzelnen zu mehr Leistung auf.

Nur so können Sie Ihr Durchsetzungsvermögen deutlich machen und sich als gute Führungspersönlichkeit beweisen.

5. Eigeninitiative

Nicht nur Aufgaben delegieren, sondern auch zeigen, dass man selbst auch etwas leisten kann. Als gute Führungskraft müssen Sie beweisen, dass Sie auch ohne Kommandos von ganz oben Anforderungen bewältigen können und dass Sie, gemeinsam mit Ihren Mitarbeitern eigene Ideen entwickeln können. Zeigen Sie die Eigenschaft indem Sie eigene Strategien entwickeln, mit denen Sie Arbeitsprozesse optimieren können. Lassen Sie sich nicht alles von der Chefetage vorschreiben, sondern treten Sie mutig voran und stürzen sich direkt in die neue Aufgabe. Wer immer einen Schritt voraus ist, kann seine Konkurrenten überholen und sich als selbstbewusste Führungskraft beweisen.

6. Einsatzbereitschaft

Nicht bereit Überstunden zu machen oder nach Feierabend bei der Organisation der Firmenfeier zu helfen? Als gute Führungspersönlichkeit kommt es aber genau auf diesen Einsatzwillen an, der allen zeigt, „Ich kann was leisten und ich bin auch bereit etwas mehr zu leisten als alle anderen". Wer meint, in der Führungsebene kann man sich gemütlich auf seinem ergonomisch geformten Chefsessel zurücklehnen, der irrt. Wer es mit Ehrgeiz schon in die Führungsetage geschafft hat, muss gerade jetzt auch bereit sein, durch seinen Einsatz zu zeigen, dass man die richtige Person mit der schweren Aufgabe der Personalführung betraut gemacht hat.

Tipp:
Zeigen Sie sich in innerbetrieblichen Strukturen immer mal wieder blicken. Tun Sie auch außerhalb der Bürozeiten etwas für das Unternehmen. Übernehmen Sie doch mal die Verantwortung für das Sommerfest der Angestellten oder engagieren Sie sich im Betriebsrat. Zeigen Sie Einsatz indem Sie das Unternehmen bei verschiedenen Veranstaltungen repräsentieren. Laden Sie Schulklassen ein, mal einen Blick in Ihren Arbeitsalltag zu werfen. Mit geschickt platzierten Aktionen können Sie zeigen, dass Sie bereit sind, dem Unternehmen mit viel Einsatz zu guter Publicity zu verhelfen oder was für die eigenen Mitarbeiter zu tun.

7. Entscheidungsfähigkeit

Als leitender Angestellter müssen Sie tagtäglich Entscheidungen fällen. Wem dies schwer fällt, der ist in der Führungsetage falsch. Sie müssen entscheidungsfreudig sein und bei einer falschen Entscheidung auch bereit sein, die Konsequenzen für Ihr Handeln zu übernehmen. Ob Neuanstellung oder Kündigung, ob Projekt A oder B lukrativer ist und daher schneller zu bearbeiten oder welcher Mitarbeiter Urlaub nehmen darf wenn mehrere Angestellte zur gleichen Zeit in die Ferien wollen, als Chef kann man nicht allen Anforderungen gerecht werden und muss auch von Zeit zu Zeit unangenehmen Entscheidungen treffen.

Wenn Sie dazu in der Lage sind, können Sie es als leitender Angestellter weit bringen.

Praxistipp:
Wenn es Ihnen zunächst noch schwer fällt, Entscheidungen zu treffen, fangen Sie im privaten Umfeld an. Versuchen Sie sich schnell zu entscheiden, wenn es zum Beispiel um die Wahl des richtigen Urlaubsortes geht, oder welches Auto Sie kaufen sollen. Jede Entscheidung hilft Ihnen, die Entscheidungsfähigkeit zu verbessern und sich so beruflich, aber auch privat weiterentwickeln zu können.

8. Teamfähigkeit

Als Führungskraft sind Sie kein Single Player, sondern müssen beweisen, dass Sie sich in einem Team gut zurecht finden können. Auch wenn Sie als leitender Angestellter die Oberhand über Ihre Mitarbeiter haben, Sie müssen dennoch teamfähig sein. zeigen Sie den Mitarbeitern, dass Sie nicht über den Dingen stehen und auch als einen Teil des Teams verstanden werden wollen. Nur gemeinsam können Sie und Ihre Mitarbeiter das gemeinsame Ziel erreichen. Zeigen Sie auch Ihrem Vorgesetzten, dass Sie sich nicht als Boss der Mannschaft verstehen, sondern auch gleichberechtigtes Mitglied der Abteilung verstanden werden wollen.

9. Verantwortungsbewusstsein

Wer eine Position als leitender Angestellter hat, dem muss bewusst sein, dass er für alle Fehler seiner Angestellten verantwortlich gemacht werden kann.

Als Führungskraft obliegt Ihnen die Aufsicht der Leistungen und zu erledigenden Aufgaben. Dies bedeutet nicht, dass Sie Ihre Mitarbeiter dauerhaft überwachen sollen oder müssen. Jedoch kommt es in jeder Abteilung hin und wieder zu Fehlern, die dann für Kritik an der Abteilung sorgen.

Sie sind für Ihre Mitarbeiter verantwortlich und müssen gegebenenfalls auch deren Fehler ausmerzen. Daher ist Verantwortungsbewusstsein eines der wichtigsten Soft Skills, die eine gute Führungspersönlichkeit unbedingt benötigt. Stehen Sie zu den Fehlern und nehmen Sie kritische Bemerkungen an. Nutzen Sie dies um eventuelle nachfolgende Fehler verbessern zu können und Mitarbeiter zu schulen.

10. Bereitschaft Probleme zu lösen

An jedem Arbeitsplatz kommen ab und an Konflikte auf. Wo mehrere Menschen zusammenarbeiten, kann es auch mal vorkommen, dass Unstimmigkeiten oder andere Probleme das gute Betriebsklima stören.

Als leitender Angestellter sind Sie in der Pflicht, das Betriebsklima wieder herzustellen und die Probleme innerhalb der Abteilung zu lösen. Durch Kommunikation und Verständnis kann man Probleme innerhalb des Teams meist schnell wieder lösen und eine neues Basis für eine gute Zusammenarbeit schaffen.

Zeigen Sie Bereitschaft Probleme lösen zu wollen und sorgen Sie somit für eine gute und vertrauensvolle Zusammenarbeit.

11. Kooperationsbereitschaft

Lassen Sie sich auf eine Zusammenarbeit mit anderen Teams oder Abteilungen aus dem Unternehmen ein und bieten Sie Möglichkeiten sich untereinander austauschen zu können. Besonders in großen

Unternehmen ist es für eine erfolgreiche Firmenpolitik unabdingbar, miteinander zu kommunizieren und zu interagieren. Zeigen Sie sich bereit, mit anderen führenden Angestellten zu arbeiten und sorgen Sie für eine optimale Zusammenarbeit mit anderen Mitarbeitern des Hauses. Nur wer Hand in Hand zusammenarbeitet, kann ein zufriedenstellendes Ergebnis erlangen.

Überzeugen Sie Ihre Führungsetage und die Kollegen durch Ihr empathisches Auftreten und sorgen Sie so zu einer guten Basis für eine vertrauensvolle Arbeitsgrundlage.

12. Emotionale Intelligenz

Wenn man über die klassischen Soft Skills spricht, fällt neuerdings immer wieder der begriff „Emotionale Intelligenz". Diese Eigenschaft wird nun immer häufiger von Personalern in der Führungsebene erwartet. Neben den bekannten sozialen Kompetenzen wie Durchsetzungsvermögen, Kooperationsbereitschaft und Leistungsbereitschaft ist die emotionale Intelligenz eine Eigenschaft, auf die Personalchefs immer häufiger Wert legen.

In diesem Ratgeber wird später noch ganz genau auf die Emotionale Intelligenz eingegangen.

Wie können Sie Soft Skills bei einem Bewerbungsgespräch beweisen?

Während Sie die Hard Skills, Ihre fachlichen Kompetenzen in einen Bewerbungsgespräch ganz einfach durch Dokumente und Auszeichnungen belegen können, scheint es manchen Bewerbern schwer, die sozialen Fähigkeiten während des Vorstellungsgesprächs darzulegen. Wenn Sie es schaffen, ihre persönlichen Eigenschaften in dem Gespräch mit dem Personalchef zu beweisen, können Sie sich schnell von anderen Mitbewerben hervorheben und haben die besten Chancen schon bald selbst in leitender Position beschäftigt zu werden.

Wie kann ich beweisen, dass ich Teamfähig bin?

Dass Sie ein Mensch sind, der sich in einem Team unterordnen kann und nicht als Single Player zum Ziel kommen möchte, sollten Sie diese Eigenschaft unbedingt in einem Bewerbungsgespräch anbringen.

Beispielsweise könnten Sie Aussagen tätigen wie zum Beispiel diese: „Meine Informationen teile ich gerne mit meinen Kollegen, damit wir alle auf dem gleichen Kenntnisstand sind."

oder:

„Nur als Team können wir Projekte meistern. Jeder Kollege hat innerhalb des Teams eine wichtige Aufgabe, die zu einem großen Ganzen führt."

Auch gern im Bewerbungsgespräch gehört:

„Auch wenn wir einmal nicht gleicher Meinung sind, möchte ich mich mit den Gedanken meiner Kollegen auseinander setzen und versuchen zu verstehen, wie man gemeinsam einen Lösungsansatz finden kann".

Machen Sie dem Personalchef deutlich, dass Sie ein Mensch sind, der sich in einem Team wohl fühlt, der gerne mit anderen Menschen arbeitet. Ein erfahrener Personalchef erkennt an Aussagen wie die in den Beispielen vorgestellten, dass Sie ein teamfähiger Mitarbeiter sind.

Kritikfähigkeit

Nur wer reflektiert ist, kann Kritik hinnehmen und sie in einen neuen Lösungsansatz umsetzen. Aber wie zeigen Sie in einem Vorstellungsgespräch, dass Sie fähig sind, Kritik hinzunehmen und aus ihr zu lernen?

Zeigen Sie sich von Ihrer diplomatischen Seite:
„Auch wenn meine Kollegen mal völlig anderer Meinung sein, kann ich damit umgehen und möchte auch die neuen Ideen meiner Mitarbeiter kennenlernen."

„Auseinandersetzungen bei der Arbeit sind kein Problem für mich, ich reflektiere die Situation und nehme die Kritik nicht persönlich."
„Kritik nehme ich hin und möchte mich durch die neuen Erkenntnisse verbessern."

Emotionale Intelligenz

Wie kann man in einem Bewerbungsgespräch zeigen, dass man diese wichtige Soft Skill für sich verinnerlicht und angenommen hat?

Dass Sie empathisch sind und ein offenes Wesen besitzen, lässt sich von erfahrenen Personalern schnell erkennen. Aber um auf Nummer Sicher zu gehen, können Sie auch diese Sätze zur passenden Zeit fallen lassen.

„Mitarbeiter kommen gerne zu mir um ihre Anliegen mit mir zu besprechen. Gemeinsam finden wir dann eine Lösung, die für alle annehmbar ist."
oder auch diese Aussage zeigt, dass Sie emotional intelligent sind:
„Wenn ein Mitarbeiter sich plötzlich völlig anders verhält, fällt es mir nicht schwer, zu erkennen woran das liegt".

Wichtig ist, dass Sie sich beim Gespräch um eine leitende Position nicht verbiegen, sondern natürlich und authentisch auftreten.
Auch wenn Sie dem Chef gefallen wollen, reden Sie ihm oder ihr nicht nach dem Mund, sondern zeigen Sie Selbstbewusstsein und Authentizität.

Kann ich meine Soft Skills verbessern?

Die Persönlichkeit eines Menschen ist niemals in Stein gemeißelt. Wir können zu jeder Zeit in unserem Leben lernen und uns verbessern. Nicht nur kognitive Fähigkeiten, sondern auch soziale Kompetenzen lassen sich durch einfache Übungen im Alltag verbessern, sodass Sie diese schon bald zu Ihren besten Fähigkeiten zählen können.

In praktischen Beispielen wird Ihnen nun aufgezeigt, wie Sie Ihre sozialen Fähigkeiten deutlich verbessern können:

Kommunikation:

Nutzen Sie jede Möglichkeit zur Kommunikation, um sicherer im Umgang mit Sprache und Auftreten zu werden. Versuchen Sie auch im Telefongespräch ein Lächeln auszusetzen. Es ist von Wissenschaftlern bewiesen worden, dass ein Lächeln die Stimme verändern kann, was sich auch beim Gesprächspartner am anderen Ende der Leitung zeigt.

Wie Sie im Alltag Ihre Kommunikationsfähigkeit verbessern können

- Nutzen sie jede Möglichkeit für einen Smalltalk

- Treten Sie Ihrem Gesprächspartner stets freundlich gegenüber, wer lächelt sorgt dafür, dass sich auf das Gegenüber besser fühlt, das Gespräch beginnt direkt positiv

- Nehmen Sie an einem Rhetorikkurs teil. Hier lernen Sie nicht nur sich in Gesprächen zu behaupten, sondern auch, wie Sie vor einer Gruppe von Menschen sprechen. Hier lernen Sie auch, verschiedene Informationen so zu verpacken, dass Sie bei Ihrem Gesprächspartner nicht als negativer Aspekt aufgenommen wird.

Für alle leitenden Angestellten lohnt sich der Besuch eines Rhetorik Kurses.

Repräsentation:

Sich selbst von der besten Seite zeigen. Als unverzichtbarer Mitarbeiter geschätzt werden. Wer weiß, wie er sich am besten repräsentieren kann, der hat einen großen Vorteil seinen anderen Mitarbeitern gegenüber. Aber wie kann ich mich am besten repräsentieren und so berufliche Vorteile daraus erzielen?

Individualität zeigen

Wer sich von der Masse abheben will, muss zeigen, dass er etwas Besonderes ist. Alle Mitarbeiter kommen im grauen Anzug ins Büro? Damit man Sie als repräsentativ wahrnimmt, lassen Sie sich nicht von der grauen Masse verschlucken.

Setzen Sie auf ganz persönliche und individuelle Erkennungsmerkmale, die Ihren ganz eigenen Stil zeigen. Wie wäre es mit einer extravaganten Brille, oder der lustigen Krawatte.

Sympathisch bleiben

Stellen Sie sich nicht als Griesgram dar, sondern gehen Sie offen und freundlich auf Ihre Kollegen zu. So zeigen Sie nicht nur eine menschliche und somit sympathische Seite, sondern können auch beweisen, dass Sie für alle Kollegen offen sind und sich Ihnen nicht trotz der leitenden Position als übergeordnet sehen.

Versuchen Sie auch private Schwierigkeiten nicht ins Büro mitzunehmen und nehmen Sie jeden Tag als eine neue Chance, Ihrem Unternehmen zu mehr Erfolg zu verhelfen.

Durchsetzungsvermögen

Wenn Sie in einer leitenden Position angestellt sind, müssen Sie zeigen können, dass Sie sich gegebenenfalls bei Ihrer Abteilung durchsetzen können.

Wie können Sie diese wichtige Fähigkeit verbessern?

Klare Sprache verwenden

Reden Sie in wichtigen Gesprächen nicht um den heißen Brei herum, sondern zählen Sie Informationen und Fakten auf. Argumentieren Sie konkret, damit keine Missverständnisse auftreten können.

Treten Sie selbstsicher auf

Wer sich gegenüber Vorgesetzten oder Angestellten durchsetzen möchte, der muss selbstbewusst auftreten. Setzen Sie sich beim Meeting nicht in die hinterste Ecke, sondern bleiben Sie präsent.

Mehr Durchsetzungsvermögen durch Körperhaltung

Wissenschaftler konnten längst beweisen, dass die richtige Körperhaltung sehr viel mit dem Auftreten zu tun hat. Damit Sie als leitender Angestellter auch respektiert werden und sich so besser durchsetzen können, halten Sie eine gerade Körperhaltung ein. Schultern nach vorne und das Kreuz durchgedrückt, so kommen Sie auch optisch als energischer Angestellter zur Geltung und zeigen, dass Sie kein graues Mäuschen in der Rückszugsposition sind.

Behalten Sie Entscheidungen ein

Um sich durchsetzen zu können, ist es von enormer Wichtigkeit, dass Sie hinter Ihren Entscheidungen stehen. Wer sich durchsetzen will, muss von seinen Entscheidungen überzeugt sein und sich nicht immer wieder von anderen Meinungen verunsichern lassen.

Eigeninitiative

Dieses Soft Skill lässt sich ganz einfach verbessern.

-Nutzen Sie viele verschiedene Möglichkeiten um sich auch außerhalb des Büroalltags zu engagieren. Werden Sie aktiv, anstatt immer nur Aufgaben zugewiesen zu bekommen.

-Zeigen Sie sich auch im privaten Bereich engagiert und initiativ. Wenn es die Zeit erlaubt können Sie diese soziale Eigenschaft aktivieren indem Sie Aufgaben als Freiwilliger übernehmen. Melden Sie sich zum Beispiel als Helfer für das Kindergartenfest Ihres Sohnes oder melden Sie sich als Vorbild für den Karrieretag an der Schule Ihrer Tochter.

Werden Sie ehrenamtlich tätig

Ehrenämter bekommen immer mehr Aufmerksamkeit und werden sogar von Chefs befürwortet und können steuerlich absetzbar sein.

Wer sich zum Beispiel in der kirchlichen Gemeinde oder in der Politik nützlich macht, zeigt so auch im beruflichen Umfeld, dass er ein Macher ist, der Eigeninitiative zeigt und bereit ist, auch nach dem Feierabend etwas wertvolles zu leisten.

Ehrenämter machen sich auch im Bewerbungsgespräch immer gut, wenn dieses Amt keine Arbeitszeit in Anspruch nimmt.

Einsatzbereitschaft

Im Büro sind während einer Grippewelle viele Aufgaben liegen geblieben? Als leitender Angestellter sollten Sie nicht nur über den wichtigen Aufgaben liegen bleiben, sondern auch zeigen, dass Sie bereit sind, auch im Notfall einmal mit anzupacken.

So können Sie diese soziale Kompetenz stärken:

- Helfen wo Not am Mann ist. Sehen Sie wenn Ihre Angestellten Hilfe benötigen und seien Sie schon an Ort und Stelle, bevor das Problem ausartet.

- Pünktlichkeit zeigt Einsatz. Normalerweise sollte man voraussetzen dürfen, dass jeder Arbeitnehmer pünktlich im Büro erscheint. Doch häufig ist dies nicht der Fall. Wenn Sie sich von Ihren Kollegen abheben wollen, sollten Sie Einsatz zeigen, indem Sie frühzeitig, niemals zu spät und nicht auf die letzte Minute im Büro erscheinen.

- Der letzte macht das Licht aus. Wenn Sie sich dazu ent-
schließen, Ihre Soft Skills zu verbessern, dann zeigen Sie
Ihre Einsatzbereitschaft in dem Sie auch mal länger als
andere Mitarbeiter im Büro bleiben. Wer zeigt, dass er
gerne länger für die Firma tätig ist, verbessert nicht nur
seinen eigenen Einsatz, sondern wirkt auch dem Team
entgegen, indem er für den kommenden Tag schon mal
vorarbeitet.

- Entscheidungsfähigkeit .Täglich treffen wir mehrere Hun-
dert Entscheidungen - viele davon ganz unbewusst. Sollte
man da noch diese Fähigkeit speziell trainieren? Ja, denn
während wir nichtige Entscheidungen in sekundenschnelle
erleben, können uns wichtige Entscheidungen, die eine
große Wirkung für die Zukunft haben, schnell den Schlaf
rauben.

- Üben Sie täglich, bewusst zu entscheiden. Fisch oder
Fleisch zum Mittag, welche Schuhe zum Anzug, was wir
oft unbewusst entscheiden, sollte zum trainieren der Soft
skills nun mehr und mehr in den Fokus rücken. Nehmen
Sie Entscheidungen, und seien sie noch so klein, bewusst
wahr. Versuchen Sie, dabei nicht zu lange zu grübeln, sondern entscheiden Sie sich zügig.

- Stehen Sie Ihren Entscheidungen. Das Problem, sich nicht entscheiden zu können, bringt meist eine weitere Eigenschaft mit sich: Viele denken zu lange über bereits getroffene Entscheidungen nach: War es richtig, dass ich mich so entschieden habe? Was, wenn ich mich anders entschieden hätte? Stehen Sie zu Ihren Entscheidungen, auch wenn sich später zeigt, dass die andere Variante besser für Sie ausgefallen wäre. Wer Entscheidungen fällt, muss auch konsequent sein und hinter ihnen stehen. Wer sich dieser Sache bewusst ist, und nicht immer grübelt „Was wäre wenn.....", der kann schneller und klarer Entscheidungen fällen.

Teamfähigkeit

Sind Sie bislang eher ein Einzelgänger, der für sich arbeiten muss um ein guter Ergebnis zu erzielen?

Diese Fähigkeit wird nicht gern im Berufsleben gesehen, denn die Arbeit im Team ist nachweislich erfolgreicher als die Einzelarbeit einer Person.

Wie kann man also vom Single Player zum Teammitglied werden?

Arbeiten Sie öfter in der Gruppe

Nutzen Sie die Möglichkeit, öfter gemeinsam mit Mitarbeiten an einem Projekt arbeiten zu können. Lernen Sie von den Erfahrungen der Anderen und sehen Sie neue Möglichkeiten durch die Ideen der Mitarbeiter.

Beim gemeinsamen Brainstorming kann jeder seinen Beitrag leisten und zu einem großen Erfolg beitragen.

Üben Sie Kritik in Etwas Positives umzuwandeln

Wer die Kritik von seinen Kollegen persönlich nimmt und darauf mit negativen Gefühlen reagiert, der zeigt eindeutig, dass er nicht Teamfähig ist.

Wo mehrere Arbeitnehmer an einer Sache arbeiten, kommen oft Meinungsverschiedenheiten auf, die die Arbeit des Teams auch stören können.

Damit Sie diese Kompetenz stärken und besser im Team arbeiten können, müssen Sie lernen, Kritik in eine positive Energie umzuwandeln.

Wenn ein Kollege während der Teamarbeit Kritik an Ihnen übt, dürfen Sie sich zunächst nicht davon verunsichern lassen. Es geht hier ausschließlich um die fachliche Auseinandersetzung , nicht um persönliche Dinge.

Hören Sie Ihrem Kollegen genau zu um zu verstehen was er an Ihrer Arbeit bemängelt.

Schreiben Sie die Kritikpunkte nieder und versuchen Sie später, diese Kritik als eine Chance der Verbesserung anzuerkennen. Andere sehen schnell die Fehler, während wir oft betriebsblind an alten Arbeitsweisen hängen bleiben.

Wer die Kritik von Kollegen nicht emotional nimmt und aus dieser lernt, der zeigt, dass er ein echter Teamplayer sein kann.

Verantwortungsgefühl

Wer in einer leitenden Position ist, der muss Verantwortung übernehmen können.
Fehlt es Ihnen an diesem Soft Skill, wird es eng auf der Karriereleiter.

Tragen Sie die Verantwortung

Ein Angestellter aus Ihrer Abteilung hat einen schweren Fehler gemacht. Als Leiter der Abteilung müssen Sie die Konsequenzen ziehen und die Verantwortung übernehmen. Schieben Sie hier nicht die Schuld auf Ihren Mitarbeiter, sondern stehen Sie gerade für den Fehler, der unter Ihrer Obhut lag.

Tragen Sie die Verantwortung

Ein Angestellter aus Ihrer Abteilung hat einen schweren Fehler gemacht. Als Leiter der Abteilung müssen Sie die Konsequenzen ziehen und die Verantwortung übernehmen. Schieben Sie hier nicht die Schuld auf Ihren Mitarbeiter, sondern stehen Sie gerade für den Fehler, der unter Ihrer Obhut lag.

Wagen Sie Neues

Wir machen das jetzt so, egal was der Chef sagt. Auch als leitender Mitarbeiter haben Sie Aufgaben von oben zu erfüllen. Wenn Sie der Meinung sind, mit einer anderen Herangehensweise besser arbeiten zu können, dürfen Sie das sicherlich auch mal in Ihrer Abteilung testen. Wenn aber etwas schief geht, müssen Sie sich der Verantwortung stellen und dem Chef Rede und Antwort stellen.

Wer trotz eines Fehlers selbstbewusst bleibt und zugibt, dass seine Sichtweise nicht die Richtige war, der zeigt, dass er sich seiner Verantwortung bewusst ist und diese auch einhält.

Bereitschaft zur Problemlösung

Wo viele Menschen aufeinander treffen, kommt es zwangsläufig auch mal zu Differenzen. Aber nicht nur die menschlichen Probleme untereinander, vor allem die Schwierigkeiten an Aufgaben heranzugehen oder die Frage, wer zur bevorstehenden Schulung fährt, all solche Kleinigkeiten können zu Problemen werden, die Sie als leitender Angestellter bewältigen müssen.

Damit es Ihnen bald leichter fällt, schnell eine Lösung für bestehende Probleme zu finden, können Sie dieses Soft skill im Alltag trainieren.

Erkennen Sie das Problem schnell

Oft bahnen sich Probleme über einen bestimmten Zeitraum an, in den meisten Fällen entstehen Sie nicht plötzlich.

Um Probleme besser lösen zu können, müssen Sie das Problem schnell erkennen um es im Keim ersticken zu können.

Achten Sie immer wieder in Ihrer Abteilung auf das Agieren der Mitarbeiter untereinander. Wie hoch ist hier das Konfliktpotenzial, können fachliche oder menschliche Probleme entstehen?

Wer genau hinschaut, kann Potenzial für Reibungen schnell erkennen und diese durch taktische Methoden einfach lösen, bevor Sie entstehen.

Achten Sie auf das Bauchgefühl

Sie stehen vor einem Problem und haben keine Ahnung wie Sie dieses Problem lösen sollen?

Gehen Sie einmal tief in sich und hören auf das Bauchgefühl. Menschen mit einem besonders höhen Emotionalen Quotient können dieses Gefühl schnell und effektiv umwandeln und ein Problem effizient lösen. Überlegen Sie also nicht lange und lösen Sie die Probleme nach Ihrem Gefühl.

Nutzen Sie Erfahrungen

Es gibt Probleme, die innerhalb einer Abteilung immer wieder auftauchen. Ein guter Tipp um seine Fähigkeit zur Problemlösung zu trainieren ist dieser:

Halten Sie sich an Erfahrungen. Ein Problem taucht auf, weil ein neues Arbeitskonzept ausprobiert wurde? Dann arbeiten Sie einfach mit alten Arbeitsprozessen weiter.

Als leitender Angestellter mit Erfahrung haben Sie sicher einen breiten Schatz an unterschiedlichen Arbeitsweisen, die sich schon lange in der Praxis bewährt haben. Es müssen nicht immer unbedingt neue Prozesse angegangen werden, wenn alte Arbeitsweisen sich etabliert haben. Viele Probleme können gelöst werden, indem man alte Erkenntnisse nutzt und diese umsetzt.

Bereitschaft mit anderen zu kooperieren

Kooperationsbereitschaft ist eine soziale Stärke, die gerade bei leitenden Mitarbeitern gerne gesehen wird. Wenn Sie eine Abteilung leiten, werden Sie feststellen, dass es auch außerhalb Ihrer kleinen, eigenen Welt Abteilungen gibt, die ebenfalls nach einem Erfolg für das Unternehmen streben. Wieso also nicht einmal gemeinsam arbeiten?

Auch wenn das nicht unbedingt Ihr „Ding" ist, in der Chefetage wird man es gern sehen, wenn Sie gemeinsam ein optimales Ergebnis erzielen konnten.

Bleiben Sie offen für andere Abteilungen

Abteilung A arbeitet an einem Projekt, mit dem Abteilung B schon einmal Erfahrungen sammeln konnte. Wieso sollte man also nicht die Erfahrungswerte der fremden Abteilung nutzen um ein perfektes Ergebnis für das Projekt zu erzielen. zeigen Sie sich bereit, erfahrene Angestellte aus der anderen Abteilung in die Ihre zu holen, damit Sie ein kooperatives Arbeitsergebnis vorweisen können.

Wer sich immer wieder austauscht und bereit ist, eigene Kenntnisse auch anderen zur Verfügung zu stellen, der zeigt, dass er Kooperationsvermögen besitzt.

Kompetenzen nutzen

Der Abteilungsleiter einer anderen Abteilung kennt sich mit einer bevorstehenden Aufgabe aufgrund langjähriger Erfahrung viel besser aus als Sie. Zeigen Sie, dass Sie seinen Erfahrungsschatz schätzen und fragen Sie ihn nach seiner Meinung für Ihr bevorstehendes Projekt. Nutzen Sie die Möglichkeit mit einem Kollegen zusammenzuarbeiten und zeigen Sie, dass Sie die gemeinsame Arbeit als sehr wertvoll empfinden.

Nehmen Sie konstruktive Vorschläge und Hinweise dankend an und wertschätzen Sie die Stärke des Kollegen. Abteilungsübergreifendes Arbeiten kann nur eine Bereicherung für das Unternehmen sein, wenn alle Mitarbeiter offen und kommunikativ miteinander und nicht gegeneinander arbeiten.

Emotionale Intelligenz

Emotionale Intelligenz lässt sich auf unterschiedlichen Ebenen trainieren. Im nächsten Kapitel kommen wir einmal auf das große Thema Emotionale Intelligenz zurück und zeigen Wege, wie Sie als erfolgreiche Führungskraft Ihre ganz persönlichen Kompetenzen einbringen können.

AUF UNSERER WEBSITE FINDEN SIE
TOLLE BONUSINHALTE SOWIE
WEITERFÜHRENDE INFORMATIONEN

www.cherryfinance.de

EMOTIONALE INTELLIGENZ

. . . . .

Wie auch Sie zu einer erfolgreichen Führungskraft durch ein besseres Verständnis für Gefühle werden

IN DIESEM KAPITEL ERFAHREN Sie, was emotionale Intelligenz genau ist, wie Sie die eigenen emotionalen Fähigkeiten optimieren können und wie Sie dadurch zu einem herausragenden Führungsangestellten werden.

Was versteht man unter Emotionaler Intelligenz?

Der Begriff wurde erstmals durch die Psychologen John D. Mayer von der Universität New Hampshire sowie Peter Salovey (Yale University) geprägt. Im Jahre 1990 konnten die beiden Neurowissenschaftler erstmals belegen, dass es eine emotionale Intelligenz gibt, die unser ganzes Wesen beeinflussen kann.

Aus welchen Ansätzen wurde die emotionale Intelligenz gewonnen? Die US amerikanischen Psychologen Mayer und Salovey forschten erstmals Ende der 80er Jahre auf dem Gebiet der Intelligenz. Sie stützten sich bei ihren Untersuchungen auf die Forschungen des Erziehungswissenschaftlers Howard Gardner, der in seiner Theorie beschrieb, dass es im Menschen eine multiple Intelligenz geben muss. Er veröffentlichte seine Theorie und zeigte so erstmalig auf, dass der Intellekt eines Menschen nicht nur durch sein Intelligenzquotienten messbar sein, vielmehr, so Howard Gardner, spielen unterschiedliche Faktoren zusammen, die sich nicht nur durch allgemeine Fragen in einem Intelligenztest messen lassen.

Während der Erziehungswissenschaftler Gardner in seiner Theorie überwiegend Intelligenzen feststellte, die zur Problemlösung helfen können, forschten die amerikanischen Psychologen Saloway und Mayer weiter und präsentierten dann im Jahre 1990 ihre Entdeckungen zur emotionalen Intelligenz.

Nach den ersten Erkenntnissen der US Forscher wurde das Thema von weiteren unterschiedlichen Wissenschaftlern betrachtet und stellt heute ein umfangreiches Wissen über die emotionale Intelligenz dar.

Die emotionale Intelligenz wird, basierend auf dem zugrunde liegenden Intelligenzquotienten gestützt. Besitzt ein Mensch einen hohen emotionalen Quotienten, wo wird er im Beruf herausragende Leistungen erzielen können.

Nach neuesten Erkenntnissen kann man heute die emotionale Intelligenz beim Menschen mit einem Test feststellen. Dieser erfolgt, ähnlich wie bei einem normalen IQ-Test auch auf unterschiedlichen Fragen hinsichtlich der eigenen Gefühle, sowie der Interpretation von Gefühlen anderer.

Hat jeder Mensch emotionale Intelligenz?

Wissenschaftler sind sich einig, dass Kindern ein gewisser Anteil emotionaler Intelligenz angeboren wird. Jedoch wissen wir, dass Kinder zunächst noch ihre Gefühle außerhalb des Mutterleibs kennenlernen müssen. Die unterschiedlichen Emotionen sind Kindern fremd, sie können aber auch als Kind bereits lernen, mit ihren Gefühlen umzugehen.

Emotionale Intelligenz kann in jedem Alter erlernt werden. Anders als der normale Intelligenzquotient, der bis zu einem Alter von etwa 20 erlernt werden kann, kann man mit einfachen Tricks, die später auch in diesem Ratgeber vorgestellt werden, seine emotionalen Fähigkeiten verbessern und so seine emotionale Intelligenz steigern.

Was ist nun unter emotionaler Intelligenz zu verstehen?

Prinzipiell kann man die Emotionale Intelligenz in drei unterschiedliche Teilbereiche gliedern, die unseren EQ ausmachen:

1. Gefühle wahrnehmen

Emotionale Intelligenz ist die Fähigkeit, die eigenen Gefühle wahrnehmen zu können.

Manchmal wachen wir morgens auf und sind sprichwörtlich mit dem falschen Fuß aufgestanden. Unsere Laune ist im Keller, der Partner oder die Partnerin treten uns auch genervt gegenüber und im Büro können wir auch keine gute Laune bekommen.

Wir sind schlecht gelaunt und nehmen das einfach so hin.
Der erste Teil der emotionalen Intelligenz stellt die Wahrnehmung der Emotionen dar.

Sicher merken wir an manchen Tagen, dass wir uns weniger

optimistisch und fröhlich geben als an anderen, an guten Tagen.

Wichtig ist, dass wir in uns hineinhorchen und unsere Gefühle wahr nehmen. Welche Emotionen sind gerade in mir verankert? Bin ich sauer oder traurig, fühle ich mich heute wütend oder enttäuscht, bin ich glücklich oder aufgeregt.

Horchen Sie jeden Tag bewusst in sich hinein und spüren Sie die einzelnen Emotionen, die sie gerade durchleben.

Nur wer weiß, wie er seine Gefühle intensiv erleben kann, kann auch den zweiten Teil der emotionalen Intelligenz für sich nutzen, denn die Gefühle, die Sie gerade durchleben, können mit einfachen Tricks verändert werden.

2.Verändern Sie Ihre Gefühle

Schon am Morgen schlecht gelaunt sein, ist keine gute Basis für einen erfolgreichen Tag. Wenn Sie von sich sagen, dass sie emotional intelligent sind, dann können Sie die negativen Gefühle auch in ein positives Gefühl verändern.

Als Beispiel: Sie kommen morgens übellaunig ins Büro. Ihre Angestellten erkennen die von Ihnen dargestellten Emotionen sofort. Die schlechte Laune überträgt sich durch Ihre Mimik und Gestik schnell auch auf die Angestellten.

Schlecht gelaunt kann keine gute Leistung erbracht werden, der Tag ist kontraproduktiv.

Besser wäre es so:
Sie merken schon Zuhause am Frühstückstisch, dass Ihre Laune heute nicht die Beste ist. Durch Gespräche mit Ihrer Partnerin oder den Kindern versuchen Sie, Ihre Laune zu verbessern und die negativen Gefühle zu verringern.

Im Büro kommen sie mit einem Lächeln an und begrüßen Ihre Angestellten freundlich.

Diese erfreuen sich an der guten Laune des direkten Vorgesetzten, gehen munter und motiviert an die Arbeit und erbringen an diesem Tag eine gute Leistung.

Wo liegt jetzt der Unterschied?

Sie haben im zweiten Beispiel Ihre negativen Gefühle zwar intensiv wahr nehmen können, haben aber auch direkt die Möglichkeit genutzt, diese Gefühle in positive Emotionen umzuwandeln.

Dies übertrug sich dann auch auf Ihre Abteilung, die leistungsfähig und positiv gestimmt arbeiten konnte.

Mit einigen Beispielen werden Sie nachher lesen können, wie Sie erfolgreich negative Emotionen umwandeln können.

3. Gefühle anderer Menschen erkennen und deren Emotionen beeinflussen

Empathie ist hier das große Thema, dass ebenfalls einen großen Teil der emotionalen Intelligenz ausmacht.

Sich in seine Mitmenschen hineinversetzen ist eine der größten Herausforderungen in der freien Marktwirtschaft. Schon der kleine Kaufmann-Azubi lernt, wie er die Bedürfnisse seines Kunden erkennen, und diese gewinnbringend einsetzen kann.

Wer es schafft, sich in die Lage eines anderen Menschen hineinzuversetzen, kann diese Erkenntnisse für seinen Zweck erfolgreich nutzen.

Auch für Sie als leitenden Angestellten ist es von großer Wichtigkeit, sich in die Gefühlswelt der Kollegen hineinzuversetzen.

Sehen Sie den Kollegen ohne jegliche Vorurteile und seien Sie offen für sein Wesen. Versuchen Sie etwas über ihn oder sie herauszufinden und fühlen Sie sich in den Mitarbeiter hinein. Warum hat er so und nicht anders gehandelt? Welche Ziele verfolgt er, wie wichtig ist ihm die Arbeit im Team?

Wer seine Angestellten kennt, der kann es auch schaffen, empathisch auf die Kollegen zuzugehen.

Versetzen Sie sich einmal in die Lage des Mitarbeiters und erfahren Sie, welche Gefühle er verspürt. Können Sie die Gefühlswelt erkennen, können Sie auch dafür sorgen, dass er beim nächsten Mal positiver an die Sache herangeht.

Sie können diesen Menschen durch ihre empathische Haltung beeinflussen und so für eine enorme Leistungssteigerung sorgen.

Warum ist die emotionale Intelligenz so wichtig?

Sie haben hervorragende Zeugnisse und können auch beweisen, dass Sie verschiedene Soft skills verinnerlicht haben?

Worauf es, gerade in der Führungsetage ankommt, ist die emotionale Intelligenz.

Wer einen hohen EQ vorweisen kann, der ist nicht nur im beruflichen Umfeld eine gefragte Person, sondern kann sich auch in privaten und sogar im gesundheitlichen Bereich erfreuen. Es konnte bewiesen werden, dass Führungspersonen mit einem hohen Emotionalen Quotienten 85% mehr Erfolg haben als ihre Kollegen, die einen niedrigen EQ besitzen.

Wie wir vorhin schon erkannt haben, bedeutet emotionale Intelligenz, die Fähigkeit, unsere eigenen Wahrnehmen zu können und diese positiv zu beeinflussen.

Dies hat nicht nur erstaunliche Auswirkungen auf unsere eigene Leistung, sondern kann auch helfen, uns unseren Angestellten gegenüber anders zu zeigen. Wenn wir unsere Gefühle dahingehend beeinflussen, das wir uns erfolgreich, motivierend und positiv fühlen, können wir das auch auf unser Team übertragen und so für eine erstaunliche Leistungssteigerung sorgen.

Menschen mit einer hohen emotionalen Intelligenz sind:

Vertrauenswürdig:
Man weiß, dass man Ihnen vertrauen kann und Sie dringliche Informationen nicht an andere Mitarbeiter weitergeben werden. Sie werden von Ihrem obersten Vorgesetzten für Ihre vertrauenswürdige Art geschätzt und sind ein guter Mitarbeiter, der Interna nicht nach Außen trägt.

Ehrlich:
Sie reden nicht um den heißen Brei herum und kommen klar zur Sache. Ehrlichkeit ist Ihnen als Menschen mit einem hohen Wert an emotionaler Intelligenz sehr wichtig und für Sie im privaten und beruflichen Umfeld von großer Bedeutung.

Verantwortungsvoll:
Sie können die Verantwortung für Ihre Abteilung übernehmen, zeigen sich aber auch im privaten Umfeld verantwortlich und stehen zu Ihren Tätigkeiten.

Offen für Veränderungen:
Eine Person mit einem hohen Wert emotionaler Intelligenz ist stets bereit, sich neuen Herausforderungen zu stellen. Auch wenn Sie bereits viele Jahrzehnte in Ihrem Unternehmen tätig sind, scheuen

Sie sich nicht neue Methoden, neue Möglichkeit und interessante Innovationen auszuprobieren. Auch ist es für einen Menschen mit emotionaler Intelligenz eine schöne Möglichkeit, sich einem neuen Tätigkeitsfeld zu widmen, denn eine solche Person lernt gerne immer wieder neues dazu und zeigt sich interessiert an vielen neuen Dingen.

Offen für Kritik:

Für Sie als Führungskraft mit hoher emotionaler Intelligenz ist Kritik kein negativer Aspekt. Sie nehmen gerne konstruktive Kritik an und nutzen dies als Chance, Ihre Arbeit zu verbessern und die eigenen Fähigkeiten zu optimieren.

Realistisch:

Das schwierige Projekt bis Ende der Woche abzuschließen ist schier unmöglich. Dies können Sie auch Ihrem Team vermitteln indem Sie mit realistischem Blick auf die bevorstehende Aufgabe schauen. Lassen Sie sich nicht verunsichern, sondern bleiben Sie realistisch und fordern Sie von Ihren Mitarbeitern keine Zaubereien.

Realismus ist kein negativer Aspekt, sondern hilft, Ihre Arbeit ordentlich und akkurat bewältigen zu können.

Vereinen, nicht entzweien

Als Teamchef haben Sie die Aufgabe, Ihr Team zusammenzuhalten. Sicherlich kommt es im Prozess der täglichen Arbeit auch mal zu Meinungsverschiedenheiten. Ihre Aufgabe ist es, Differenzen zu schlichten, beiden Parteien Wege aufzuzeigen um wieder eine vertrauensvolle Basis für die weitere erfolgreiche Zusammenarbeit zu finden und aus der Diskussion gestärkt hervorzugehen.

Sie dürfen nicht parteiisch sein, das würde nur Missstimmung in Ihre Abteilung bringen. Entdecken Sie die Wurzel des Problems und versuchen Sie einen neutralen Neubeginn für die Mitarbeiter zu finden.

Denken nach

Menschen mit einem hohen emotionalen Quotienten denken viel nach. Sie sind jedoch nicht grüblerisch und denken an das Vergangene, sondern überlegen sich Strategien für die Zukunft. Diese Menschen sind für die Führungsetage wie geschaffen, denn Sie sehen Perspektiven schon vor dem eigentlichen Ziel. Durch die emotionale Intelligenz können so schon frühzeitig Wege geebnet werden, die ein sicheres und schnelles Erreichen des Ziels ermöglichen.

Effizient

Ein effizientes Arbeiten ist für Mitarbeiter mit einer hohen emotionalen Intelligenz eine Selbstverständlichkeit. Sie wollen schnell und sicher Erfolge erzielen um sich und das Unternehmen voran bringen zu können.

Ohne Umschweife finden Sie ihr Ziel und können so gute Ergebnisse erzielen.

Treu

Eine gute Beziehung ist für einen Menschen mit einem hohen emotionalen Quotienten von großer Wichtigkeit. Nicht nur im privaten Bereich, sondern auch im Berufsleben zielen solche Menschen eher auf eine langfristige Beziehung.

Ein Mitarbeiter mit einem hohen EQ möchte dem Unternehmen treu sein, es mit seiner Hilfe weiter bringen und erfolgreich machen. Die Treue zu seinem Unternehmen und der Zusammenhalt innerhalb der Abteilung sind ihm sehr wichtig.

Eine stabile Beziehung ist daher die beste Basis für eine erfolgreiche Zusammenarbeit.

Rücksichtsvoll

Nicht nur den eigenen Weg gehen, sich auch um die Belange der

Mitarbeiter kümmern und gemeinsam zu einem Ziel kommen, dass ist dem emotional intelligenten Führungsmitarbeiter wichtig.

In seinem Sinne ist es, wenn man Rücksicht auf sein Umfeld gibt, wenn ein Mitarbeiter mit einem Problem zu ihm kommt, möchte er möglichst sensibel auf dieses Problem eingehen um eine gute Basis mit seinem Angestellten finden zu können.

Als eine rücksichtsvolle Führungskraft kann er bei einem Mitarbeiter auch mal Fünfe gerade sein lassen. Er versteht, wenn seine Arbeitskraft einmal einen Durchhänger hat oder Aufgrund von persönlichen Schwierigkeiten mal eine verminderte Leistung erzielt. Solange dies nicht zum Dauerzustand wird, kann die rücksichtsvolle Führungskraft dank seiner emotionalen Intelligenz mit seinem Team eine verminderte Belastung wahrnehmen.

Integer
Ein Mensch mit einem besonders großen EQ möchte an die Dinge, die er im beruflichen Leben weitergibt, auch für sein privates Umfeld nutzen. Er glaubt an die Dinge, mit denen er arbeitet, er nutzt die Produkte selbst oder erfreut sich an den Maßnahmen für die er zuständig ist.

Er glaubt an sich und seinen Erfolg und versucht alles, um diesen Erfolg erzielen zu können.

Warum hört man erst jetzt von emotionaler Intelligenz?

Während in den USA bereits riesen Geschäfte rund um die emotionale Intelligenz geschehen, findet man die Begriffe „Eq" und „Emotionale Intelligenz" erst seit kurzer Zeit in unserem Business Leben. In den vereinigten Staaten finden an fast jedem Wochenende Seminare und Workshops rund um dieses Thema statt, zahllose

Ratgeber helfen Menschen in Führungspositionen, ihre emotionalen Skills erfolgreich zu verbessern. Mittlerweile hat man aber auch in der Bundesrepublik erkannt, dass nicht nur berufliche Qualifikationen von Nöten sind, um ein Unternehmen erfolgreich führen zu können.

Auch hierzulande können Sie mittlerweile Seminare zum Thema Emotionale Intelligenz besuchen und sich von erfahrenen Coaches zu mehr emotionaler Intelligenz verhelfen lassen.

Übrigens, das deutsche Traditionsunternehmen Porsche wendet bereits seit geraumer Zeit EQ Tests für ihre Bewerber durch. Hier hat man erkannt, dass es nicht nur auf den Intellekt und den Kenntnisstand des Bewerbers ankommt, sondern auch vielmehr auf soziale und emotionale Kompetenzen.

Nur wer in beiden Bereichen gute Leistungen erbringen kann, hat bei dem in Stuttgart angesiedelten Unternehmen die Chance eine große Karriere zu beginnen.

Was machen Führungskräfte mit einem hohen Wert an emotionaler Intelligenz besser als Andere.

Wie nun bewiesen ist, sind Menschen in einer leitenden Tätigkeit erfolgreicher als diejenigen, die kaum emotionale Intelligenz vorweisen können. Nachweislich sind diese Menschen sogar 85% erfolgreicher als ihre Mitstreiter.

Was also kann man über diese erfolgreichen Menschen sagen, die durch ihre sozialen Fähigkeiten aus der Masse herausstechen und erfolgreich sind?

Mitarbeiter mit einem hohen Wert an emotionaler Intelligenz verfolgen im Berufsleben folgende Ziele und sind somit erfolgreicher:

1. Stimmung

Glückliche Mitarbeiter machen ihr Unternehmen erfolgreich, denn wer positive Gefühle bei der Arbeit hat, der arbeitet effizienter, kann bessere Leistung bringen und freut sich darüber, dass er in einem guten Umfeld tätig sein kann.

Arbeitnehmer, die in einer Abteilung arbeiten, in der sich jeder wohl fühlen kann, sind seltener krank und muten sich auch eine autonome Arbeit zu. Sie entwickeln eigene Ideen und bringen diese gerne an.

2. Positives Arbeitsklima

Es muss nicht immer starr am Tagesablauf festgehalten werden. Eine Büroabteilung ist wie eine eigene kleine Welt. Hier gibt es auch mal zwischenmenschliche Komponenten, die bei einem positiven Arbeitsklima auch Raum finden sollten.

Eine gute Führungskraft unterstützt dieses gute Arbeitsklima durch sein Handeln. Der leitende Mitarbeiter mit einem hohen EQ weiß um die Belange seiner Angestellten, er nimmt an gemeinsamen Feierlichkeiten teil, wenn ein Mitarbeiter Geburtstag hat oder sorgt mit seiner guten Führung für ein angenehmes Arbeitsumfeld für sich und seine Arbeitnehmer.

3. Identifikation mit dem Unternehmen

Eine gute Personalführung sorgt dafür, dass sich das gesamte Team mit dem Unternehmen identifizieren können. Wer sich mit seiner Firma zusammengehörig fühlt, der möchte dem Unternehmen auch automatisch zu mehr Erfolg verhelfen.

Sorgen Sie als gute Führungskraft dafür, dass sich Ihre Mitarbeiter mit dem Unternehmen identifizieren können. Geben Sie der Firma ein Gesicht, dass stellvertretend für Ihre Abteilung steht. Schaffen Sie bei Ihren Angestellten für Verbundenheit und Zugehörigkeit. Ihre Angestellten müssen stolz fühlen, wenn Sie an Ihren Arbeitgeber denken.

Eine Führungsstil der durch emotionale Intelligenz geprägt ist, schafft es, dass sich sein Team eng mit dem Unternehmen verbunden fühlt.

Wie kann man das schaffen?

Den Großteil des Tages verbringen Sie und Ihre Angestellten in den Räumen des Unternehmens. Als leitender Angestellter haben Sie es in der Hand, eine angenehme Atmosphäre schaffen zu können. Binden Sie Ihr Team in die Gestaltung der Räumlichkeiten ein, lassen Sie beim Brainstorming Ideen unterschiedlicher Mitarbeiter Anklang finden, versuchen Sie ein möglichst entspanntes Arbeitsumfeld zu schaffen.

Auszeiten bieten

Wer immer nur am Computer sitzt und starr seine Anforderungen erfüllt, der verfällt schon bald in eine Tristesse. Bieten Sie Ihrem Team die Möglichkeit, einen abwechslungsreichen Arbeitsalltag erleben zu können. Bieten Sie dem Team regelmäßige Auszeiten, die für Erholung sorgt und so die Schöpfung neuer Kraft gibt. Wer immer mal wieder Auszeiten schaffen kann, kann neue Ideen sammeln und sich nach der kurzen Pause wieder mit vollem Elan dem Tagewerk widmen.

Möglichkeiten zur Freizeitgestaltung innerhalb der Firma bieten

Als leitender Angestellter haben Sie sicherlich gute Kontakte zum Firmenchef. Stellen Sie ihm doch einmal diese Idee vor:

Große Unternehmen bieten ihren Angestellten heute unterschiedliche Möglichkeiten der Freizeitgestaltung innerhalb des

Firmengeländes. Ein Basketballkorb im Innenhof, einen Tanzraum oder einen Billardtisch im Aufenthaltsraum. Immer nur am PC sitzen ist nicht nur ungesund, sondern kann unsere ganz persönliche Entfaltungsmöglichkeit erheblich einschränken.

Bieten Sie innerhalb des Unternehmens Möglichkeiten für Ihre Mitarbeiter sich mal auspowern zu können. Bewegung setzt Endorphine frei, die auch die geistige Tätigkeit anregen können. Nicht selten kommt man beim Sport auf neue Ideen und kann diese bei der Wiederaufnahme der Arbeit anbringen.

4.Selbstachtung

Wer unter einer guten Führung steht, gelobt und von Kollegen und Chef geschätzt wird, der gewinnt auch an Selbstachtung. Der gut geführte Mitarbeiter weiß, dass er eine wertvolle Arbeit leistet und freut sich über das Lob für sein Tagewerk.

Selbstachtung ist der Schlüssel zu einem leistungsfähigen Leben, denn wer von anderen geachtet wird, lernt auch, sich selbst als einen wertvollen Menschen ansehen zu können.

5. Psychische und physische Gesundheit

Die Krankenstände aufgrund psychischer Erkrankungen steigen nachweislich jedes Jahr rasant an. Depressionen, Angstzustände oder Belastungsstörungen sorgen dafür, dass in zahlreichen deutschen Büros Arbeitsplätze über einen längeren Zeitraum ungenutzt bleiben, Arbeit liegen bleibt und das Arbeitspensum der Mitarbeiter durch die häufigen und langen Krankenzeiten deutlich aufgestockt werden muss.

Eine gute Führung mit einem leitenden Angestellten, der sich durch eine hohe emotionale Intelligenz auszeichnet, können psychische, aber auch physische Erkrankungen nachweislich deutlich verringert werden.

Wenn eine Führungskraft das mögliche Arbeitspensum seiner einzelnen Mitarbeiter anerkennt und diese so fordert und fördert, dass es auf die individuelle Leistung optimal abgestimmt ist, kann dies psychischen Erkrankungen vorbeugen. Der optimal geforderte Mitarbeiter kann ohne Stress seinen Anforderungen gerecht werden und die Leistung erbringen, die sein leitender Angestellter von ihm erwartet.

Durch die emotional geprägte Führung erfährt der Mitarbeiter Anerkennung und Lob und kann sich so als wertgeschätzter und erfolgreicher Angestellter in einem guten Arbeitsklima entfalten.

Die Emotionen des einzelnen Mitarbeiters, der als Individuum angesehen wird, werden durch den guten Führungsstil erkannt und genutzt, um dem Angestellten auf ein Maximum seines persönlichen Könnens bringen zu können.

Es werden an den individuellen Mitarbeiter und dessen persönlichen Fähigkeiten keine zu hohen Anforderungen gestellt, er kann sich in den Arbeitsprozess durch die gute Führung so einfinden, sodass seine Kompetenzen bestmögliche Ergebnisse erzielen können.

Auch auf die physische Gesundheit kann die emotional geprägte Mitarbeiterführung positive Auswirkungen haben. Wer in einem emotional geführten Arbeitsklima tätig ist, der kann mit der Hilfe seines leitenden Angestellten das Stresslevel klein halten, Anforderungen erfüllen und wird durch seine persönliche Führung so gefördert, dass es seinen Fähigkeiten entspricht.

Erkrankungen, die nachweislich hauptsächlich durch Stress, Hektik oder Belastungen von Außen hervorgerufen werden, wie zum Beispiel Herzerkrankungen oder Bluthochdruck, können durch eine persönliche und emotionale Führung deutlich verringert werden.

Wer gerne zur Arbeit geht, weil er weiß, dass er dort geschätzt wird und seine Tätigkeit zur Wertsteigerung des geschätzten Unternehmens beiträgt, der kann sich über eine gute Herzgesundheit freuen. Risikofaktoren bei Herzinfarkt entsteht nachweislich durch Stress, der bei einer emotionalen Führung von vornherein vermieden werden soll.

Auch kann durch eine persönliche und individuelle Mitarbeiterführung der Krankenstand so verringert, dass optimale Leistung von einem gesunden Team erbracht werden kann.

Verringerung des Burnout Risikos
Ebenfalls ein enormes Problem am Arbeitsplatz ist die Gefahr eines Burnouts. Dieser Zusammenbruch der Psyche wird nicht nur, wie Ärzte und Wissenschaftler unlängst herausgefunden haben, durch eine zu hohe Belastung begünstigt, sondern kann auch durch monotone Arbeit entstehen.

Eine gute Führung, die auf der emotionalen Intelligenz basiert, kann diesem psychischen Zusammenbruch effektiv vorbeugen. Als leitender Angestellter mit einem hohen EQ können Sie sich empathisch in Ihr Gegenüber hineinversetzen. Sie spüren instinktiv die emotionalen Bedürfnisse Ihres Mitarbeiters und können diese in ein positives Gefühl umlenken. So gelingt es Ihnen auch, dass Sie einen Zustand der emotionalen Erschöpfung vorbeugen können.

Es konnte bewiesen werden, dass ein emotionaler Führungsstil das Risiko von Burnout innerhalb einer Abteilung deutlich verringern kann. Nutzen Sie diese Chancen als Führungskraft mit hoher emotionaler Intelligenz.

Wie kann ich meine emotionalen Stärken verbessern und damit eine gute Führungskraft werden?
Die emotionale Intelligenz bekommen wir nicht in die Wiege gelegt.

Wissenschaftler haben heraus gefunden, dass Kinder keine emotionale Intelligenz von vornherein aufweisen, diese aber durch ebenso begabte Eltern antrainiert bekommen können.

Während der normale Intellekt bis zum 20. Lebensjahr aufgebaut werden kann, können wir bis zum Lebensende an unserer emotionalen Intelligenz arbeiten.

Da diese Kompetenz zu stärken und zu fördern, ist es zunächst einmal wichtig, sich selbst reflektiert wahrzunehmen.

Wer zunächst die eigenen Stärken fördert, kann als emotional geprägte Führungskraft auch seine Mitarbeiter so führen, dass sie optimale Leistungen und Ergebnisse zeigen.

Was bringt es mir, wenn ich meine emotionale Intelligenz trainieren möchte?

Es gibt eine Vielzahl von Zielen, die für einen Menschen mit emotionaler Intelligenz wichtig sind.

Mehr als 85% aller erfolgreichen Führungskräfte weisen einen sehr hohen Quotienten an Emotionalität auf. Ein Ziel steht somit also schon mal fest:

Der Erfolg ist Ihnen sicher, wenn Sie sich mit der Steigerung der emotionalen Intelligenz befassen.

Aber was kann mir diese Fähigkeit noch bringen?

Was sind die Ziele von emotionaler Intelligenz?

1. Menschen mit einem hohen EQ wollen glückliche Beziehungen führen

Sicherlich, fast alle Menschen sehnen sich nach einem Partner, mit denen Sie die schönen Seiten, aber auch Sorgen teilen können. Besonders sensible Menschen, und das sind Menschen, die einen hohen Faktor an emotionaler Intelligenz vorweisen können, sehnen sich besonders nach einer harmonischen Beziehung.

Damit sind aber nicht nur die Partnerschaft im Privaten, sondern auch das Miteinander zu Vorgesetzten und der Umgang mit Kollegen gemeint. Ein Mensch mit einer hohen Intelligenz im emotionalen Bereich sehnt sich nach Harmonie und einem fairen Miteinander. Er nimmt die Welt sehr sensibel wahr und kann mit den Gefühlen anderer Menschen umgehen.

So möchte er, nicht nur in der Ehe, sondern auch im beruflichen Umfeld eine gute Basis schaffen, in der ein fairer und gleichberechtigter Umgang möglich ist.

Emotional intelligente Menschen schaffen es auch, eine vernünftige Balance zwischen beruflichen Interessen und Familienleben zu schaffen.

In der Führungsetage merkt man oft, dass die Partnerschaft von viel arbeitenden Managern oder von Führungspersonal leidet. Nicht selten bekommt man im alltäglichen Büro-Smalltalk mit, dass wieder einmal die Ehe eines Managers gescheitert ist.

Wieso kommt es, gerade in solchen Berufsgruppen immer wieder vor, dass der Mensch zwar vom beruflichen Erfolg gekrönt ist, die Liebesbeziehungen aber immer wieder scheitern?

Dabei liegt es jedoch auf der Hand, wo das Problem in der Beziehung war. Als Manager eines internationalen Top-Konzerns, aber auch in kleineren Unternehmen obliegen den Führungskräften zahlreich Aufgaben, die nicht nur viel Zeit in Anspruch nehmen, nicht selten durch Überstunden oder Arbeit, die man mit nach Hause genommen hat. Auch der Umgang wird im Privaten oft ähnlich wie im Büroalltag gepflegt.

Ein Mensch, der emotional stabil ist und sich sehr stark mit seinen eigenen, aber auch mit den Gefühlen seiner Mitmenschen auseinandersetzt, der versucht, eine gute Balance zwischen dem Berufsleben und dem privaten Alltag zu schaffen.

Er vernachlässigt die Partner oder den Ehemann nicht, nimmt sich ausreichend Zeit für die Familie, vergisst wegen den hohen beruflichen Anforderungen nicht den Geburtstag der Gattin oder die Schulaufführung der Tochter. Der emotional geprägte Mensch versteht es, dass beide Seiten gleichermaßen Bedeutung haben und möchte keiner Seite die Überhand lassen.

Auch kann er klar zwischen Arbeit und Familie treffen und belastet seine Liebsten nicht mit den Anforderungen aus dem Berufsleben.

-Reife

Über den Dingen stehen, sich nicht beleidigt geben wenn etwas im beruflichen Alltag einmal schief gelaufen ist. Wer sich mit seiner eigenen Emotionalität, und den Emotionen seiner Mitmenschen befasst, der reift mir der Zeit. Auch als junger Mitarbeiter, dem die Möglichkeit zur Abteilungsleitung zuteil wurde, kann sich als reifer zeigen, als so manch anderer Kollege, der bedeutend älter ist. Seine Gefühle intensiv wahrzunehmen und in die Gefühlswelt von anderen zu sehen bedeutet, dass Sie durch die Selbsterfahrung viel mehr an Reife gewinnen als diejenigen, die ihre Gefühle einfach so hinnehmen und ihnen keine weitere Bedeutung zumessen.

Soziale Kompetenz stärken

Das eigentliche Ziel von emotionaler Intelligenz ist die Stärkung seiner sozialen Kompetenzen.

Wer seine innere Welt wahrnehmen und begreifen kann, der kann dies auch durch seine sozialen Fähigkeiten nach Außen hin zeigen. Wir gehen achtsamer mit unseren Mitmenschen um, hören auf ihre Worte, können durch Gestik und Mimik die Gefühle der anderen verstehen und intensiv auf sie eingehen. Dank der emotionalen Intelligenz leben wir sorgsamer und gehen nicht nur mit unseren eigenen Gefühlen behutsamer um, sondern versuchen auch, vorsichtiger mit den Gefühlen von anderen Menschen umgehen zu können.

Wer sich dieses Wissen zu Nutze macht, kann ein erfolgreiches Leben führen und in eine positive Zukunft blicken.

Respektvoll miteinander umgehen

Auch wenn eine Hierarchie innerhalb eines Unternehmens oft ganz klar gesteckt ist, eine gute Führungskraft mit hoher emotionaler Intelligenz zeigt nicht, dass er sich seinen Mitarbeitern übergeordnet fühlt. Ein respektvoller Umgang mit dem Team zeigt, dass Sie Ihre Angestellten und ihre Fähigkeiten Wert schätzen, ihre Persönlichkeit respektieren und sich einen fairen Umgang im beruflichen Alltag wünschen.

Eigene Stärken und Schwächen verstehen und akzeptieren

Jeder Mensch hat individuelle Stärken und Schwächen die ihn zu einer einzigartigen Person machen. Ein Mensch mit einem hohen EQ kann diese positiven und negativen Fähigkeit selbstkritisch reflektieren und macht sich diese individuellen Fähigkeiten zu Nutze um sie im Berufsleben optimal einzusetzen.

Teamfähigkeit nutzen

Ein Mensch, der seine eigenen und die Emotionen anderer Menschen verstehen und akzeptieren kann, der pflegt instinktiv einen fairen Umgang mit seinen Mitmenschen und kann diese emotionale Kompetenz nutzen um sie in der Arbeit mit einem Team einzusetzen.

Gemeinsam in einem Team kann man mit Hilfe der akzeptierten Emotionen Konflikte lösen und die Stärken und Schwächen jedes einzelnen Teammitglieds nutzen, damit Probleme schnell aus der Welt geschafft werden und das gemeinsame Ziel erreicht werden kann.

Körpersprache lesen

Ein Mensch, der intuitiv die Emotionen seiner Mitmenschen erkennen und verändern kann, der versteht sich auch darin, die Körpersprache seiner Mitmenschen lesen zu können. Wer erkennen will, welche Gefühle in seinen Angestellten, in der Partnerin oder in seinen Kindern vorherrschen, der kann dies vor allem in der Mimik, in der Körpersprache und in der Gestik lesen.

Wir Menschen zeigen unsere Gefühle durch die Körperhaltung und vor allem durch unser Gesicht. Auch wenn wir vorgeben glücklich zu sein, erkennen emotional geprägte Menschen schnell, dass die Körpersprache sprichwörtlich eine ganz andere Sprache spricht. Wer sich über eine große emotionale Intelligenz erfreut, der kann durch gezieltes Training üben, die Körpersprache zu lesen und dadurch die Emotionen seines Gegenübers erkennen zu können.

Situationen begreifen und verstehen

Oftmals geschieht es, dass wir unverhofft in Situationen geraten, die wir schnell nicht erfassen können und oft ratlos zurück bleiben. Als Führungskraft, die ihre Fähigkeiten der emotionalen Intelligenz nutzen kann, ist es möglich, dass man schneller Situationen erfassen und verstehen kann.

Sich in Vernunft üben

Wer seine Emotionen begreifen kann und so nutzen kann, dass man eine optimale Mitarbeiterführung umsetzen kann, der arbeitet mit Vernunft und setzt seine Ideen nicht kopflos ein.

Oft handeln wir intuitiv und merken dann gar nicht, dass wir unüberlegt vor Problemen landen werden. Intuition gibt es in einer emotionaler Mitarbeiter häufig, dennoch darf die Vernunft nicht zu kurz kommen. Wer sich selbst antrainiert, eine optimale Symbiose zwischen spontanen und intuitiv geprägten Entscheidungen und der klaren Vernunft zu erschaffen, kann seinen Arbeitseifer schnell in gute Ergebnisse umwandeln.

Die Bedürfnisse von anderen Menschen vor die eigenen Bedürfnisse stellen
Ein Mensch, der sich seiner emotionalen Intelligenz bewusst ist, und diese optimal in seinem beruflichen, aber auch dem privaten Leben einsetzen möchte, der stellt die Bedürfnisse seiner Mitmenschen vor die eigenen Bedürfnisse.

Der emotional geprägte Mensch erkennt durch die Perspektive auf Emotionen seiner Mitmenschen instinktiv deren Wünsche und Bedürfnisse und versucht diese, auch erfüllen zu können.
Um diese Bedürfnisse erfüllen zu können, ist ein sensibler Umgang mit seinen Mitmenschen von Nöten.

Glücklich sein
Klar, wenn man Menschen fragt, was sie sich vom Leben wünschen, dann antworten viele: „Ich möchte einfach nur glücklich sein." Und wie kann man dieses Glück finden und ein zufriedenes Leben führen? Natürlich durch emotionale Intelligenz.

So unterschiedlich wie die Menschen, so individuell ist auch die ganz persönliche Vorstellung vom „Glücklich sein". Für den einen bedeutet Glück den Aufbau einer liebevollen Beziehung, eine andere wünscht sich für Ihr Glück einen treuen Ehemann, ein schönes Häuschen und zwei Kinder, wieder andere verstehen unter Glück eine gut bezahlte Position in einem international agierenden Unternehmen. Aber ganz gleich, welchen Weg Sie einschlagen wollen um Ihr ganz persönliches Glück zu finden, es funktioniert immer auf die gleiche Art und Weise: Mit emotionaler Intelligenz.

Sie können sich als emotional intelligenter Mensch schnell bis ganz nach oben arbeiten, eine gute Position angeboten bekommen, viel Geld verdienen, mit dem dicken Firmenwagen durch die Gegend fahren und von Nachbarn, Familie und Freunde viel Anerkennung bekommen. Aber auch können Sie durch diese Fähigkeit, Ihre eigenen Gefühle und die Emotionen anderer besser wahrnehmen zu können, auch eine glückliche Partnerschaft gewinnen. Wenn Sie trainiert haben, auf Ihre Gefühle zu hören und die Emotionen anderer Menschen zu erkennen, werden Sie auch sicher bald eine glückliche Liebe erfahren.

Ebenso funktioniert das „Glücksprinzip" der emotionalen Intelligent im Umgang mit Ihren Kindern. Die Erziehung des Nachwuchses ist sicher eine Aufgabe, die Eltern oft an ihre Grenzen bringen kann. Wer sich aber bei seinem Erziehungsstil auf die eigene emotionale Intelligenz stützt und so die Gefühle seiner Kinder besser verstehen kann, der merkt auch schnell, dass er einen großen Vorteil gegenüber anderen Elternpaaren hat, denn besonders Kinder wissen häufig selbst nicht, wie sie mit ihren, oft noch ganz neuen, Gefühlen umzugehen haben. Wer emotional intelligent erzieht, der macht aus seinem Nachwuchs auch Menschen, die sich an einer hohen emotionalen Intelligenz erfreuen können. Wir können unser Wissen über die Macht der Gefühle an unsere Kinder, an die Kollegen und auch an alle anderen Mitmenschen weitegeben sodass sie auch zu einem empathischen Menschen werden können.

Selbstmotivation
Ab und zu kommt er, der Durchhänger, diese Phase in der wir denken, wir sind nichts wert, wir können nichts und die bevorstehenden Aufgaben sind viel zu schwer für uns.

Menschen die mit Ihren eigenen Gefühlen arbeiten, kennen diese Tage auch, sie haben aber den großen Vorteil, dass sie diese Emotionen bewusst abschwächen oder verändern können. Sie nutzen jeden Tag aufs neue die eigenen Gefühle um sie in ein motivierendes Gefühl zu verwandeln.

Methode zur Verinnerlichung der positiven Gefühle
Sie können diese Fähigkeit zu einem tagtäglichen Ritual werden lassen. In einer Meditation versuchen Sie sich am Morgen schon

intensiv auf Ihre eigene Gefühlswelt einzustellen. Spüren Sie ein Glücksgefühl, dass sie von innen heraus auf den bevorstehenden Tag vorbereitet, dass sie wissen lässt: Heute ist Dein Tag, heute kannst du alles schaffen, so verinnerlichen Sie dieses Mantra für einige Momente. Sie können sogar, und das konnten Forscher beweisen, Ihr Gehirn regelrecht auf gute Laune und Motivation programmieren.

Aber dieser Trick funktioniert nicht nur, wenn Sie bereits gute Laune haben. Auch bei einer schlechten Stimmung, die jeden von uns ab und an einholt, kann es helfen, die innere Stimme auf positiv zu programmieren.

Dazu begeben Sie sich ebenfalls in die Meditationshaltung und horchen genau in sich hinein. Sagen Sie sich selbst immer wieder vor, dass dies kein schlechter Tag ist, dass Sie guten Mutes und motiviert sind und sich den Anforderungen des Tages stellen können. Wenn Sie sich diese motivierenden Worte immer wieder vorsagen, polt sich das Gehirn nach einer kurzen Weile automatisch auf eine positive Stimmung um und Sie können gut gelaunt in den Tag starten. Sie haben mit wenigen Worten die Macht, Ihre eigenen Emotionen so umzugestalten, wie es Ihnen gefällt und nützlich ist. Nutzen Sie diese Möglichkeit zur Selbstmotivation.

Aber nicht nur sich selbst können emotional intelligente Menschen zu mehr Tatendrang, zu mehr Potential und zu mehr Leistung antreiben. Wenn Sie Ihre Mitarbeiter zu mehr Leistung antreiben wollen, können Sie dies auch ganz einfach durch die eben vorgestellte Motivationsmethode tun. Bekräftigen Sie den Arbeitseinsatz Ihres Teams immer wieder mit motivierenden Worten, zeigen Sie Interesse an den Ideen, die Ihre Angestellten mit in den Arbeitsprozess einbringen und zeigen Sie, dass Sie Ihren Mitarbeitern viel Leistung zutrauen.

Wobei kann emotionale Intelligenz mir ganz persönlich helfen?

Wenn Sie jetzt noch immer nicht davon überzeugt sind, die eigenen Sozialen Fähigkeit und somit auch die emotionale Intelligenz zu fördern, können Sie nun an den nachfolgenden Beispielen erkennen, wozu emotionale Intelligenz noch in der Lage ist:

Wobei hilft mir emotionale Intelligenz?

Neben den beruflichen Aufstiegschancen und der Chance die große Liebe finden zu können, bietet die emotionale Intelligenz noch viel mehr.

Wissenschaftler in den Vereinigten Staaten von Amerika forschen bereits seit einigen Jahrzehnten zum Thema Emotionale Intelligenz. Dort wird bereits jetzt schon ein großer Fokus auf den EQ gelegt. Was Wissenschaftler und Ärzte heraus gefunden haben ist wahrhaft erstaunlich und sollte hierzulande auch zu denken geben.

Ängste verringern

Sich selbst mit seinen eigenen Gefühlen auseinander setzen, diese intensiv wahrnehmen und steuern können, das ist für einen Menschen mit großer emotionaler Intelligenz ein leichtes.

Menschen, die sich ihrer Gefühle bewusst sind, trauen sich viel mehr zu, sind selbstbewusster und motivierter ein Problem anzugehen, als diejenigen, die kaum emotionale Fähigkeiten besitzen.

Auch Angst ist eine Emotion, die viel Raum in unserem Leben einnehmen kann. Doch wer sich hinter seinen Ängsten immer nur verstecken will, der kann nur ein zurückgezogenes Leben erfahren und sich von seinen eigenen Ängsten bremsen lassen.

Wer sich und seine Emotionen genau kennt, der weiß, wie er auch mit seiner Angst umzugehen hat. Lassen Sie dieses Gefühl nicht Überhand gewinnen und üben Sie, dieses Gefühl intensiv abzuschwächen oder gar gänzlich zu verlieren.

In der Führungsposition braucht es einen Menschen, der Mut beweisen kann, einen Leiter, der zeigen kann, dass ihn eine schwierige Aufgabe nicht abschreckt und dass er das Zeug dazu hat, auch seine Mitarbeiter zu motivieren und zu stärken.

Wenn Sie selbst aber schon ängstlich sind, können Sie keinen anderen Menschen auffordern, selbst Mut zu beweisen.
Vertrauen Sie also auf sich selbst und geben Sie der Angst keinen Raum.

Stress verringern

Als emotional sensibler Mensch wissen Sie genau wann es Zeit ist aufzuhören. Sie wissen dass positiver Stress nützlich sein kann und die Arbeitsleistung von Ihnen und Ihrem Team erhöhen kann. Als sensibler Motivator wissen Sie aber genau, wann der Stresspegel sein Maximum erreicht und Ihre Mitarbeiter überfordert.

Helfen Sie sich und Ihren Mitarbeitern den Stress zu verringern und sorgen Sie somit für die psychische und physische Gesundheit Ihres gesamten Teams.

Lebensziele erreichen

Wer sein Leben mit einem hohen Quotienen emotionaler Intelligenz bestreiten kann, der kann es schaffen, seine Lebensziele zu erreichen. Als Mensch, der sich und seine Emotionen richtig erkennt und deuten kann, der erfährt eine positive Grundeinstellung, mit der er jede Anforderung des Daseins bestreiten kann.

Durch die positive Einstellung lässt er sich von Rückschlägen nicht entmutigen, sondern kann aus seinen Fehlern lernen, gewinnt Zuversicht für die Zukunft und kann durch Erkenntnisse rückschließen, wie er seine ganz individuellen Ziele umsetzen kann.

Es gelingt Menschen, die ihre emotionalen Kompetenzen optimal trainiert haben, eine glückliche Beziehung aufzubauen und erfolgreich im Beruf zu sein. Wer Prioritäten setzt und diese umsetzen kann, der schafft es auch, eine gesunde Einstellung zu Partnerschaft und Berufsleben zu schaffen und beiden Komponenten die nötige Aufmerksamkeit zu schenken.

Besserer Mensch werden

Durch emotionale Intelligenz zu einem besseren Menschen werden? Das geht in der Tat, denn durch seine sozialen Kompetenzen werden Sie zu einem Mensch, der sich durch Achtsamkeit, positiver Lebensenergie, Gesundheit, Fürsorge und Menschlichkeit auszeichnet. Wer optimistisch durch sein Leben wandert und seine positive Grundeinstellung sogar auf seine Mitmenschen übertragen kann, der kann ein zufriedenes Leben führen und zu einem besseren Menschen werden.

Gesund bleiben

Ein Begriff der im Kontext zur emotionalen Intelligenz auch immer wieder auftaucht ist die Resilienz. Darunter ist zu verstehen, dass ein Mensch auch trotz schwerer Schicksalsschläge und schwerer Lebensumstände psychisch gesund bleibt und weiterhin Leistungen erbringen kann.

Was genau unter Resilienz zu verstehen ist und wie es im Zusammenhang mit der emotionalen Intelligenz helfen kann, eine erfolgreiche Führungskraft zu werden, wird später noch ausführlich erklärt.

An dieser Stelle kann man nur noch einmal betonen, dass durch die emotionale Intelligenz die psychische und physische Gesundheit gefördert werden kann. Herzkrankheiten können vorgebeugt werden, Depressionen werden durch die Erkenntnis der eigenen Emotionen verringert oder gemindert werden. Das Verständnis

der eigenen Gefühle kann auf der gesundheitlichen Basis nachge-
wiesenermaßen die Selbstheilungskräfte aktivieren.

Wer einen gesunden Geist besitzt, der kann sich auch über einen
gesunden Körper erfreuen.

Wie kann ich meine emotionale Intelligenz trainieren, fördern und stabilisieren?

Wer sich nun denkt, dass er keine oder nur wenig emotionale
Kompetenz in sich trägt, dem sei gesagt, dass dies kein Grund zur
Besorgnis ist. Die emotionale Intelligenz kann und will gefördert
werden. Wir können unsere Emotionalität auch noch im hohen
Alter kennenlernen, sie begreifen und für unseren beruflichen und
privaten Alltag trainieren.

Dieses Wissen, die Erkenntnisse und neuen Fähigkeiten, die uns
zu einem sensiblen, empathischen, hilfsbereiten und fürsorglichen
Menschen machen, gewinnt in unserem Alltag immer mehr an
Bedeutung, sodass wir sie instinktiv täglich trainieren und fördern.

Wenn Sie nun erstmals damit beginnen wollen, die eigene emotionale Intelligenz zu verstehen und sie zu fördern, können Sie dies
zu Beginn mit einigen Fragen teste.

Wie eine Art Mantra werden diese Fragen Ihren individuellen Alltag
erleichtern und fördern Ihre ganz persönlichen Kompetenzen im
Umgang mit der eigenen Emotionalität.
Wie kann ich meine individuelle emotionale Intelligenz optimal
fördern?

Sich selbst wahr nehmen

Wer sich mit der eigenen emotionalen Intelligenz befasst, der muss
zunächst erst einmal lernen, sich selbst und seine Emotionen kennen
zu lernen.

Lernen Sie sich kennen

Bisher haben Sie Ihre eigenen Gefühle sicherlich zwar wahr genommen, aber sie auch hingenommen und haben sich durch diese Emotionen leiten lassen anstatt dass Sit damit begonnen haben, diese Emotionen zu führen.

Lernen Sie sich zu Beginn der Arbeit mit den eigenen Emotionen also sich selbst erstmal ganz neu kennen.

Achten Sie am Morgen ganz genau auf Ihre innere Stimme. Hören Sie in sich hinein und versuchen Sie zu erkennen, wie Sie sich gerade in diesem Moment fühlen.

Lassen Sie diesen Gefühlen freien Lauf und erleben Sie intensiv diese Emotionen, die Sie gerade durchlaufen.

Es ist nicht ungewöhnlich, dass Sie gleich mehrere Gefühlsregungen feststellen. Versuchen Sie diese Gefühle klar zu definieren und fragen Sie sich, warum Sie sich in diesem Moment so fühlen wie Sie es eben tun.

Halten Sie Ihre Eindrücke am besten schriftlich fest. Notieren Sie verschiedene Gefühlslagen während einiger Tage. Vielleicht erkennen Sie ein Muster, dass sich in bestimmten Situationen ableiten lässt. Welche Gefühle haben Sie am Morgen, was verspüren Sie Mittags, welche Gefühle prägen Sie während der Arbeit, welche Emotionen überkommen Sie beim Zusammensein mit der Familie? Erkennen Sie einen Zusammenhang zwischen den alltäglichen Abläufen und Ihren Emotionen? Merken Sie, dass immer wieder die gleichen Situationen zu negativen Gefühlen, oder aber auch zu positiven Gefühlen führen können?

Wer sich selbst neu kennengelernt hat und seine Gefühlswelt begriffen hat, der hat den ersten Schritt zu einer Verbesserung der emotionalen Intelligenz bereits geschafft.

Auf geht es zum nächsten Teil der emotionalen Selbstfindung.

Seine Emotionen bewusst steuern und kontrollieren

Wer sich selbst und seine Gefühle einmal genauer unter die Lupe nimmt, kann schnell erkennen, dass sich Gefühle in bestimmten Lebensumständen immer wieder wiederholen.

Mit der Erkenntnis können Sie sich dann schon bald darauf vorbereiten und versuchen, die Emotionen zu verändern.

Üben Sie, negative Gefühle in positive Emotionen zu verwandeln um einen entspannteren Alltag erleben zu können.

In den meisten Familien geht es in den Morgenstunden hektisch zu. Dies führt zu einem enormen Stresslevel, dass unsere ganze Gefühlswelt einnimmt. Oft kommt es vor, dass Sie diese Gefühlsregung zwar oft bemerkt haben, es aber aus unterschiedlichen Gründen nicht ändern können. Was Sie aber ganz leicht verändern können sind Ihre Emotionen. Wenn Sie wieder mal spät dran sind, und auf dem Weg ins Büro in Stress geraten, versuchen Sie doch einfach mal diesen Stresspegel zu verringern. Musik kann, gerade beim Auto fahren helfen, die Emotionen auf einfachste Art und Weise zu verändern. Legen Sie sich eine beruhigende Musik zurecht, die Sie auf der Nervenaufreibenden Fahrt ins Büro hören können. Lassen Sie die Musik auf sich wirken und merken Sie, wie sich Körper und Geist beruhigen und der Stress verringert wird.

Wählen Sie eine Musik aus, die Sie entspannen lässt, die ruhig wirkt und die sich neben den morgendlichen Gedankengängen sanft auf Ihren Geist auswirkt.

Auch ein humorvolles Hörbuch kann helfen, dem stressigen Morgen entgegenzuwirken und für eine entspannte Autofahrt zur Arbeitsstelle zu sorgen.

Wer nicht gestresst und genervt im Büro ankommt, sondern

entspannt und gut gelaunt in den Arbeitstag startet, der kann sich auch über glückliche Kollegen und ein positives Arbeitsklima erfreuen.

Versuchen Sie unterschiedliche Methoden aus, mit denen Sie Ihre Emotionen bewusst verändern wollen. Dies kann durch Musik geschehen, aber auch eine regelmäßige Meditation kann dazu beitragen, dass man sich seiner eigenen Gefühlswelt bewusst wird und dass man seine Emotionen durch Autosuggestion besser verändern kann.

Auch kann man durch einfache Tricks, die schnell, unkompliziert und diskret durchgeführt werden können, seine Gefühle ändern.

Wer ein Lächeln ausübt, kann so sein Gehirn austricksen. Der Teil des Gehirns, der für die Gefühlswelt zuständig ist, wird ausgetrickst, wenn wir beide Mundwinkel zu einem Lächeln anheben. Auch wenn dieses Lächeln falsch ist, signalisiert diese Regung der Gesichtsmuskeln eine fröhliche Haltung. Durch die Bewegung im Gesicht wird das Glückshormon Dopamin ausgeschüttet, wir sind dann automatisch Stressresidenter und fühlen uns wohl. Wird das Belohnungszentrum im Gehirn aktiviert, so kann man durch einfache Dinge , wie zum Beispiel die Berührung eines lieben Menschen, zu einem Glücksgefühl kommen.

Um zu erkennen ob Sie bereits Fortschritte mit der eigenen emotionalen Intelligenz erreichen konnten, stellen Sie sich bitte den folgenden Fragen. Emotional geprägte Menschen nutzen diese Fragen um immer wieder das eigene Verhalten im Umgang mit anderen Menschen reflektieren zu können um aus ihren eventuellen Fehlern lernen zu können.

Selbstkritisch sein
Wer kritisch mit sich selbst und seinen Taten umgeht, kann verstehen, wie er auf andere Menschen wirkt. Menschen mit einer

herausragenden emotionalen Stärke sind stets kritisch im Umgang mit sich selbst und versuchen herauszufinden, wo und wie sie ihr Verhalten im Umgang mit ihren Mitmenschen noch verbessern können.

Durch Gespräche und intensive Reflexion des eigenen Verhaltens können emotionale Menschen das Miteinander in ihrem Alltag immer optimieren.

Auch Sie können Ihre emotionalen Skills jeden Tag weiterentwickeln, wenn Sie sich folgende Fragen regelmäßig stellen und diese selbstkritisch beantworten:

Verletze ich Jemanden?

Fragen Sie sich am Ende des Tages, wie Sie mit den Gefühlen Ihrer Mitmenschen umgegangen sind. Reflektieren Sie Situationen des vergangenen Tages. Wie habe ich mich meinen Mitmenschen gegenüber verhalten? Habe ich jemanden mit meinem Verhalten oder mit meinen Worten verletzt?

Wenn Sie am Anfang Ihrer emotionalen Reise sind, kann es helfen, wenn Sie direkt das Gespräch mit dem Partner oder den Mitarbeitern suchen und so direkt erfahren, wie sich Ihr Verhalten auf das Gegenüber ausgewirkt hat.

Haben Sie mit ein paar unbedachten Worten die Gefühle eines anderen Menschen verletzt? Oder konnten Sie mit Ihrem Verhalten für ein positives Gefühl sorgen?

Interpretieren Sie das eigene Verhalten stets in einem selbstkritischen Kontext und versuchen Sie diese Gelegenheiten als Möglichkeiten zu sehen, das eigene Verhalten durch die neu erlangte emotionale Intelligenz zu optimieren.

Mit der Zeit erkennen Sie schnell, welchen Schaden Worte und ein negatives Verhalten auf die Menschen in Ihrem Umfeld anrichten können. Versuchen Sie dieses schädigende Verhalten zu vermeiden und werden Sie zu einem Menschen, der durch sein optimistisches und selbstkritisches Verhalten zu einem besseren Menschen geworden ist.

Was sind blinde Themen für mich?

Als blinde Themen sind Themen gemeint, für die Sie ,heute, noch kein Verständnis aufbauen können.

Gibt es Themen, die Sie, unbewusst oder bewusst, meiden? In einer Partnerschaft erleben wir es sehr häufig, dass einem der beiden Partner ein bestimmtes Thema ein wichtiges Anliegen ist, der andere aber auf dieses Thema nicht eingehen möchte.

Als Beispiel:

Ihre langjährige Freundin wünscht sich schon lange, dass Sie ihr einen Heiratsantrag machen. Immer wieder versucht Sie dieses Thema, manches mal offen, ein anderes Mal eher durch die Blume, anzusprechen.

Da Ihnen aber der Sinn nicht nach einer Ehe steht, reagieren Sie beim Aufkommen des Themas immer gereizt, zum Teil sogar aggressiv.

Als Mensch, der sich durch eine hohe emotionale Intelligenz auszeichnet, wird der Partner bald anders auf dieses Thema reagieren.

Er geht in sich und hinterfragt, warum das Thema Hochzeit solche negativen Gefühle hervorrufen kann.

Wagt er diesen zukunftsweisen Schritt nicht? Ist ihm die klassische Ehe nicht zeitgemäß genug? Möchte er sich vielleicht noch gar nicht fest an eine Partnerin binden oder liegen ganz andere Gründe vor?

Welcher Grund auch immer für das negative Verhalten zum Thema Hochzeit vorliegt, es bringt beide Partner nicht weiter, wenn das Thema blind wird.

Wenn dieses Thema nicht einmal deutlich auf den Tisch kommt und beide Partner ihre Sicht der Dinge aussprechen können, wird dieses blinde Thema immer zwischen den Beiden stehen bleiben und die Beziehung belasten.

Hier kann nur die klare Aussprache helfen, bei der beide Partner gleichberechtigt und ehrlich sagen können, wieso Ihnen beim Aufkommen des Themas so viele Emotionen hochkommen.

Wenn auch Sie solche blinde Themen haben, die immer wieder im beruflichen oder privaten Alltag auf Sie zukommen, dürfen Sie diese Themen nicht ausblenden oder ignorieren, sondern müssen offensiv versuchen, durch die Reflexion Ihrer Gefühle, Ihre Gedanken zu diesem Thema zu sammeln und diese offen anzusprechen. Wer über seine Gefühle offen spricht, der kann damit auch anderen Menschen zeigen, dass er sich mit diesem Thema auseinandergesetzt hat und seine persönlichen Gedanken zu diesem scheinbar blinden Thema sammeln konnte.

Wann habe ich mich gefühllos verhalten?

Als emotional geprägter Mensch gehen Sie sehr achtsam mit den eigenen Gefühlen und den Emotionen Ihrer Mitmenschen um. Dennoch kann es im stressigen Alltag immer wieder mal vorkommen, dass Sie kopflos und ohne Emotion handeln. Dies kann Ihre Mitmenschen emotional verletzen.

Versuchen Sie zu reflektieren, in welcher Situation Sie sich ohne jegliches Gefühl verhalten haben. Wann und wie haben Sie gehandelt ohne Ihre Emotionen wahrzunehmen?

Reflektieren Sie die Situation und versuchen Sie zu verstehen, warum

Sie in dieser speziellen Situation so emotionslos gehandelt haben. Nutzen Sie diese Gelegenheit um Ihr Verhalten demnächst bei einer ähnlichen Situation aktiv anders zu gestalten.

Komme ich gut bei meinen Mitmenschen an?

Menschen die sich und ihre Emotionen intensiv wahrnehmen, möchten eine positive Ausstrahlung erreichen.

Für diese Leute ist es enorm wichtig, positiv bei ihren Mitmenschen anzukommen. Deshalb hinterfragen Sie Ihr Verhalten stetig und fragen sich immer wieder: Wie komme ich bei meinem Gegenüber an? Wie denkt der Gesprächspartner über mich?

Es ist leicht, auch bei einer schlechten Stimmung freundlich zu bleiben. Als führende Kraft in einer Abteilung ist es enorm wichtig, die eigenen Emotionen nicht an seinen Mitarbeitern auszulassen, sondern stets freundlich aufzutreten. Nur so können Sie bei Ihrem Gegenüber ein gutes Gefühl hervorrufen und stets mit Respekt und gegenseitiger Freundlichkeit beachtet werden.

Kann ich lieben und werde ich auch geliebt?

Für die meisten Menschen ist die Liebe das erstrebenswerteste Gefühl. Die Liebe steht über alles und ist für manche Menschen doch so unerreichbar wie ein fremder Planet. Als emotional intelligenter Mensch möchten Sie natürlich auch dieses Gefühl erleben, aber auch weitergeben.

Gehen Sie in sich, spüren Sie dieses Gefühl der Liebe. Eine erste Erkenntnis ist die, dass man sich selbst lieben kann und auch muss, um dieses einzigartige Gefühl an eine andere Person weitergeben zu können. Spüren Sie das wohlige Gefühl tief in Ihnen und erleben Sie, wie sich dieses positive Erleben in eine völlig neue Stimmung versetzt. Die Liebe ist ein Gefühl dass uns zu Höchstleistungen antreiben kann und bislang unentdeckte Kräfte in uns freisetzen kann.

Es ist also enorm wichtig, dass es Ihnen gelingt, sich selbst zu lieben um auch einen anderen Menschen lieben zu können.
Das Gefühl der Liebe ist uns zwar angeboren, geht jedoch vielen Menschen im Laufe des Lebens durch unterschiedliche Erfahrungen verloren.

Sie können aber wieder lieben lernen und das unbeschreiblich schöne Gefühl der Liebe weitergeben.
Wer Liebe an seine Mitmenschen weitergibt, der kann auch selbst Liebe erfahren.

Wenn Sie selbst Liebe erfahren, können sie relativ schnell eine Steigerung der eigenen Emotionen erfahren, denn die Liebe gilt als wahrer Emotionsbooster für unsere Gefühlswelt.

Fragen Sie sich selbst deshalb ob Sie in der glücklichen Lage sind, Liebe zu geben und Liebe empfangen zu können. Kann man die Emotionale Intelligenz im täglichen Leben üben?

Ja, Sie können mit unterschiedlichen Übungen im Alltag dafür sorgen, dass Ihre ganz persönlichen emotionalen Fähigkeiten wachsen. Wer diese Kompetenzen regelmäßig trainiert, merkt schnell, dass er im Umgang mit seinen Mitmenschen viel aufmerksamer wird und auch mehr auf die Belange seiner Mitarbeiter, den Vorgesetzten und den Menschen in seinem privaten Umfeld achten kann.

Was dabei wichtig ist, wie Sie Ihre ganz individuelle emotionale Integrität optimieren können und wie Sie sich in die Gefühlswelt Ihrer Mitmenschen einfühlen können, dies erfahren Sie nun im nächsten Teil.

Selbstmanagement, der Weg zu mehr emotionaler Kompetenz

Der erste Weg zu mehr emotionaler Kompetenz ist die Selbsterkenntnis.

Zunächst müssen Sie ein Bewusstsein dafür erlangen, dass Sie zu mehr Emotionalität gelangen wollen und diese für die beruflichen und privaten Ziele nutzen möchten.

Wer nur oberflächlich auf seine emotionale Intelligenz bauen möchte um beruflich aufsteigen zu können, der wird schnell erkennen, dass dieser Weg nicht der Richtige ist. Gehen Sie in sich und erfahren Sie für sich selbst die Einsicht, dass Sie mit emotionaler Stärke und der emotionalen Intelligenz viel mehr Kompetenzen für Ihr gesamtes Leben erlangen können.

Dazu ist es wichtig, sein Selbstbild reflektieren zu können und das eigene Wesen intensiv wahrnehmen zu können. Mit Hilfe der täglichen Meditation können Sie diese innere Einsicht erleben. Es konnte schon vor vielen Jahren bewiesen werden, dass durch die regelmäßige Meditation intensive psychische und physische Prozesse in Gang gesetzt werden. Sie sind nicht nur emotional stärker und stressresistenter wenn Sie während der täglichen Meditation tief in die eigene Gefühlswelt eintauchen, sondern stärken dadurch auch Ihre körperlichen Ressourcen.

Durch die regelmäßige Meditation erfahren Sie innere Ruhe und können mit sich selbst in Einklang kommen. Durch diese tägliche Erfahrung stärken Sie die eigene Aufmerksamkeit und werden achtsamer im Umgang mit sich selbst, aber auch im Umgang mit Ihren Mitmenschen.

Achtsamkeit üben

Wer sich selbst reflektiert hat und erkannt hat, was das Training der emotionalen Intelligenz mit der eigenen Persönlichkeit bewältigen kann, der kann anschließend damit beginnen, seine emotionalen Fähigkeiten zu trainieren. Wie auch beim Sport oder anderen Fähigkeiten lohnt es sich, regelmäßig Zeit in das Gefühlstraining zu investieren. So kommen Sie schnell auf Ihre Kompetenzen und können diese im privaten Leben sowie im Berufsalltag nutzen.

Wie kann ich Achtsamkeit üben?

1. Wie fühle ich mich?

Achtsam sein bedeutet nicht nur, auf die Emotionen der anderen Menschen Rücksicht nehmen zu wollen, sondern auch, seine eigene Gefühlswelt wahrzunehmen und sich diese Emotionen zu Nutze machen zu wollen.

Hören Sie in sich selbst hinein und erkennen Sie welche Gefühle in Ihnen schlummern. Sicherlich werden Sie nun bald selbst erkennen, welche Gefühlsregungen schon lange in Ihnen sind und wie Sie die Emotionen richtig deuten.
Wer mehr emotionale Intelligenz erlernen möchte, der muss bei sich selbst anfangen und die individuelle Gefühlswelt für sich selbst begreifen.

2. Gefühle zulassen

Besonders Männern fällt es häufig nicht leicht, sich zu ihren Gefühlen zu bekommen. Noch immer herrscht in unserer Gesellschaft ein Bild, dass den Mann als starken, unverwundbaren Krieger darstellt, der regungslos alles über sich ergehen lässt und alles hinnehmen kann. Menschen mit einer hohen emotionalen Intelligenz wissen jedoch, dass es enorm wichtig ist, sich seiner Gefühle bewusst zu sein und auch in der Lage zu sein, diese Emotionen nach Außen kommunizieren zu können.

Nehmen Sie die tagtäglichen Gefühle hin, achten Sie auf die Emotionen und lassen Sie zu, dass Sie diese nach Außen tragen.

Wenn Sie Trauer in sich verspüren, dann dürfen Sie auch als kerniger Mann in einer führenden Position diese Traurigkeit zeigen. Wenn Sie wütend sind, hilft es oft, dieser Wut Raum zu lassen, damit die Wogen sich wieder glätten können. Sie sind ein Mensch, der Gefühle hat. Niemand erwartet von Ihnen, dass Sie stets den harten Mann oder die eiskalte Frau mimen, damit man Respekt und Ehrfurcht vor Ihnen hat. Zeigen Sie Ihre Menschlichkeit und geben Sie den Emotionen freien Lauf, wenn Ihnen danach ist. Menschen schätzen es sehr, wenn Sie erkennen, dass ein Mensch sich seiner Gefühle bewusst ist und sich auch nicht scheut, diesen nachzugeben.

Lassen Sie Gefühle also zu und schämen Sie sich bitte niemals, diese auch vor anderen Menschen zu zeigen.

3. Lernen Sie sich selbst kennen und erkennen Sie Emotionen

Manchmal kommt es vor, dass wir von Menschen aus unserem Umfeld angesprochen werden, die sich um uns sorgen. „Du hast so traurige Augen." oder auch „Lächle doch mal". Meist sind wir uns gar nicht im Klaren darüber, dass wir Emotionen nach Außen tragen, die wir selbst noch gar nicht erkannt haben.

Wer immer nur mit heruntergezogenen Mundwinkeln durch den Tag geht, der zeigt seinem Umfeld so ganz klar, dass er in keiner positiven Stimmung ist.

Wer immer freundlich, fröhlich und aufgeschlossen ist, zeigt dies auch durch seine Körperhaltung und Mimik.
Sie sollten lernen, bewusst Emotionen durch Ihre Ausstrahlung zu kommunizieren.

Dazu ist es wieder wichtig, sich selbst und seine Ausstrahlung kennenzulernen.

Schauen Sie sich morgens bewusst im Spiegel an. Wie sehe ich heute aus?

Kann ich lächeln ohne mich zu sehr anstrengen zu müssen, welche Körperhaltung habe ich derzeit?

Wie kann ich Emotionen durch mein Äußeres transportieren und kommunizieren?

Üben Sie ihre tägliche Mimik und Gestik. Sie müssen sich nicht verbiegen und die individuelle Art Ihres Auftretens komplett verändern, aber es hilft, sich seiner eigenen Ausstrahlung bewusst zu werden und diese auch im Einklang mit seinen Emotionen wahrnehmen zu können.

Durch die tägliche Übung werden Sie schon bald erkennen, wie Sie Ihre Gefühle durch Gestik, Mimik und Körperhaltung an Ihr Gegenüber weitergeben können.

Oft sind Manager geschult, die Körpersprache der Mitmenschen lesen zu können. Zeigen Sie innere Stärke, indem Sie sich nicht durch verschiedene Merkmale aus dem Konzept bringen lassen und zeigen Sie deutlich Ihre selbstbewusste Art.

Wie kann ich andere Menschen besser wahrnehmen?

Um die Gefühle Ihrer Mitmenschen besser wahrnehmen zu können, müssen Sie einige Dinge beachten und achtsam mit Ihren Angestellten, der Partnerin oder den Kindern umgehen.

Lernen Sie den Umgang mit Mitarbeitern, Freunden und Familie wieder neu und erleben Sie ein völlig neues Gefühl des Miteinanders.

Kommunikation

Das Wichtigste im Umgang mit anderen Menschen ist die Kommunikation. Auch wenn wir sensibel sind und auf die zwischenmenschlichen Dinge achten, kann diese auch immer falsche Informationen aussenden.

Daher ist das A und O im Arbeitsumfeld, sowie im Privatleben das Sie miteinander kommunizieren.

Ehrlich sein

Wenn Sie mit Ihren Mitmenschen sprechen, hat Ehrlichkeit immer oberste Priorität. Senden Sie klare Worte und zweifelsfreie Signale. Wer lügt, der verstrickt sich immer weiter in ein Netz der Lügen, aus dem man so schnell nicht wieder herauskommen kann.

Ein faires Miteinander kann nur stattfinden, wenn alle Beteiligten auf einer ehrlichen Ebene miteinander kommunizieren und sich auf den Anderen verlassen können.

Achten Sie auf Mimik und Gestik

Sie haben ja nun schon gelernt, Emotionen durch die eigene Gestik und Mimik zu zeigen. Auch andere Menschen nutzen unbewusst die Mimik um ihren Gefühlen einen Ausdruck geben zu können. Um Ihren Gesprächspartner zu verstehen, sind also nicht nur die gesagten Worte von Bedeutung, sondern auch die Art, wie er oder sie kommuniziert.

Verhält er sich eher distanziert, so kann er voller Zweifel oder kritisch sein. Lächelt die Kollegin wenn Sie über das neue Projekt spricht? Sie freut sich sicherlich, dass Sie als leitender Angestellter ihr die schwere Aufgabe zutrauen und Ihr so Rückhalt geben. Menschen drücken ihre Gefühlswelt sehr vielseitig durch Gestik und Mimik aus. Sie werden schon bald Übung darin haben, die individuellen Zeichen Ihrer Kollegen und Mitmenschen deuten zu können.

Bleiben Sie interessiert

Wenn ein Kollege mit einem Anliegen zu Ihnen kommt, tun Sie seine Anliegen nicht einfach ab. Egal wie banal Ihnen das Anliegen scheint, der Mitarbeiter sucht bei Ihnen Rat und Unterstützung und drückt so sein Vertrauen und seine Wertschätzung für Ihre Arbeit aus. Nutzen Sie diese Gelegenheit um ihm oder ihr zu helfen.

Zeigen Sie Ihr Interesse an der Person, indem Sie nachfragen oder sich intensiv mit Ihren Mitmenschen unterhalten. Dabei ist gar nicht gemeint, dass Sie sich neugierig verhalten sollen. Viele Menschen erzählen gern aus ihrem Leben, von ihren Hobbies, von den Kindern. Zeigen Sie Interesse, so zeigen Sie, dass Sie an den Mitmenschen interessiert sind und diese sehr schätzen.

Wie kann ich meine Gefühle und auch die Emotionen Anderer beeinflussen?

Wenn Sie einen guten Zugang zu den eigenen Emotionen geschaffen haben, können Sie diese Kompetenz nutzen um negative in positive Gefühle umzuwandeln. Wie das funktioniert und wie Sie diese Fähigkeit trainieren können:

Ändern Sie Ihre Einstellung

Viele Menschen nehmen die eigenen Gefühle einfach so hin, denn sie denken, die Gefühle müssen so bleiben wie Sie nun mal eben sind. Dabei ist es eigentlich ganz einfach, die eigenen Emotionen zu verändern. Ändern Sie die innere Einstellung und sagen Sie sich immer wieder, dass Emotionen auch durch die eigene Einstellung verändert werden können.

Wer immer nur seine schlechte Laune für sich verinnerlicht und diese auch nach Außen trägt, wird wohl kaum eine Gefühlsänderung bewirken können. Wenn Ihnen aber bewusst ist, dass Sie alleine durch Ihre innere Haltung einen großen Einfluss auf die eigenen Gefühle haben, können Sie alle Emotionen beeinflussen und dies für die Verwirklichung Ihrer Ziele nutzen.

Fragen Sie sich schon am Morgen welche Ziele Sie für diesen Tag haben. Welche Emotionen können Ihnen helfen, diese Ziele zu erreichen und wie können Sie die eigenen Gefühle nutzen, um den Tag als einen erfolgreichen Tag verbuchen zu können?

Wer sich seine eigenen Ziele immer wieder in den Sinn und auch genau sagen kann, welche Gefühle hilfreich sein könnten, diese Ziele erreichen zu können, der schafft es, genau diese Emotion zu verinnerlichen, damit das Ziel schnell erreicht werden kann.

Betrachten Sie Ihre Situation aus einer positiven Einstellung

Der Kollege wurde befördert oder prahlt mit einer Gehaltserhöhung, auf die Sie auch schon lange hinarbeiten. Das andere Team konnte ein interessantes Projekt an Land ziehen, dass Sie auch gerne mit Ihrem Team bearbeitet hätten?

Im beruflichen und privaten Leben gibt es immer wieder Rückschläge. Missgunst, Wut oder Trauer können die Folge solcher Rückschläge sein. Lassen Sie sich aber von diesen Emotionen nicht lähmen, sondern wandeln Sie diese Gefühle um und nutzen Sie diese als Motivation für Ihren weiteren Weg.

Es wird immer jemanden geben, der mehr als Sie erreichen konnte. Ob beruflich oder privat, Neid lohnt sich nicht, denn auch Sie sind für einen anderen Menschen sicherlich ein Neidfaktor.

Nehmen Sie die Dinge, die Sie bereits erreicht haben und nutzen Sie diese Erfolge gedanklich, um die Neidgefühle abzuschwächen und daraus positive Emotionen gewinnen zu können.

Reflektieren Sie dafür die Dinge, die Sie als Menschen ausmachen. Die Dinge die Sie bereits erreichen konnten. Haben Sie eine liebevolle Beziehung zu einem tollen Menschen? Sind Sie stolz auf Ihre Kinder? Haben Sie beruflich schon einiges erreichen können?

Ganz gleich was Sie im Leben schon geschafft haben, Sie haben einiges erreicht und können stolz auf diese Erfolge sein.

Wer sein Leben immer nur negativ betrachtet und anderen Menschen ihren beruflichen Erfolg oder das private Glück neidet, der wird in eine negative Gedankenspirale gefangen, aus der man so schnell nicht mehr hinaus findet. Wer hingegen dankbar ist für das was er bereits erreichen konnte, der wird daraus die Kraft schöpfen, die er benötigt um weiterhin erfolgreich sein zu können und seine Lebensziele zu erreichen.

Die Körpersprache ändern

Sich bewusst positiv zu geben, damit diese Grundeinstellung auch unseren Verstand erreicht, ist ein Faktor, den Wissenschaftler längst bestätigt haben.

Lächeln

Das Lächeln öffnet so manche Tür sagt man nicht nur in großen Unternehmen. Wer einem anderen Menschen mit einem echten Lächeln begegnet, der zeigt sich direkt als ein Mensch der positiv gestimmt ist.

Üben Sie das Lächeln und denken Sie bei diesem Training der Körpersprache an eine schöne Situation. So können Sie Ihrem Verstand eine glückliche Emotion suggerieren und nehmen automatisch das positive Gefühl an.

Trainieren Sie das Lächeln vor dem Spiegel und spüren Sie, wie auch das aufgesetzte Lächeln ein inneres Gefühl der Glückseligkeit in Ihnen hervorruft.

Wer gut gelaunt in den beruflichen Tag startet, der ist deutlich erfolgreicher als der Kollege, der mies gelaunt im Büro erscheint und sich auch dort nur seinen negativen Gefühlen hingibt.

Gerade Haltung

Auch die Körperspannung kann für eine Anhebung der Emotionen sorgen. Sie sind ein selbstbewusster und erfolgreicher Mitarbeiter in einer führenden Position und sollen dies auch durch die Körperhaltung ausdrücken können. Also drücken Sie den Rücken durch, halten Sie den Körper in angespannter Stellung und signalisieren so Ihrem Gegenüber, dass Sie bereit sind, die Anforderungen des Tages anzunehmen und diese erfolgreich zu bewältigen.

Wer sich immer nur in einer geduckten Körperhaltung zeigt, die Schultern hinabhängend, das Kreuz gebeugt, der begibt sich automatisch in eine Opferrolle, die andere Kollegen sicherlich nur zu gerne ausnutzen um sich erfolgreicher zu zeigen als Sie.

Auch die Körpersprache lässt sich trainieren. Wer intensiv übt, seine positive innere Einstellung auch durch eine gerade Körperspannung zu zeigen, der wird als ein empathischer, offener und erfolgreicher

Mensch wahrgenommen.

Also, wenn Sie sich selbstbewusst und erfolgreich zeigen wollen, machen Sie das Ihrem Vorgesetzten, den Mitarbeitern oder Menschen aus Ihrem privaten Umfeld auch durch Ihre bewusste Körperhaltung klar.

Rücken durchgedrückt, Schultern nach oben gezogen und der Kopf sprichwörtlich erhobenen Hauptes zeigen Ihren Mitmenschen, mit wem sie es hier zu tun haben. Nämlich mit einer Person, die emotional gestärkt ist und dies auch nach Außen hin kommunizieren kann.

Sie werden schnell spüren, dass sich die äußere Haltung schnell auf die emotionale Haltung auswirkt. Wer sich nach Außen hin stark zeigt, erfährt ebenso innere Stärke. Wie kann ich die Emotionen von meinen Mitmenschen beeinflussen?

Auch hier ist die Kommunikation das A und O und das erste Hilfsmittel um Ihre Mitmenschen, bei Führungskräften insbesondere die Angestellten in Ihrer Abteilung zu einer Leistungssteigerung anzuregen. Aber auch durch eine emotional intelligente Führung können Sie Ihre Mitarbeiter zu einer positiven Arbeitshaltung motivieren.

1. Fragen Sie um Hilfe - erhalten Sie einen motivierten Mitarbeiter

Auch als Führungskraft dürfen Sie Ihre Angestellten um Hilfe oder Rat bitten. Nicht immer steckt hinter der Frage wirklich eine Not, denn Sie können sich die Bitte um Hilfe als versteckten Motivationsbooster zu Nutze machen. Wenden Sie sich an einen fachlich kompetenten Mitarbeiter und bitten Sie diesen um seine Meinung zu einem bevorstehenden Projekt.

Der Mitarbeiter zieht daraus den Schluss, dass Sie ihn als einen intelligenten, kompetenten und fähigen Mitarbeiter wert schätzen.

Er möchte Sie darauf hin nicht enttäuschen und möchte Ihnen zeigen, dass er Ihren Anforderungen entsprechen und dem Unternehmen dienlich sein kann. Durch die Frage nach seiner fachlichen Meinung zeigen Sie Ihrem Mitarbeiter Ihren Respekt und die Wertschätzung der fachlichen Kompetenz. Dies motiviert ihn, die von Ihnen gestellte Aufgabe nach bestem Wissen zu erfüllen und das Ziel zu erreichen.

Keine Möglichkeit sich der Aufgabe zu entziehen
Für den Mitarbeiter ist es sehr schwer, die ihm gestellte Aufhabe abzulehnen, wenn Sie ihn bereits im Vorfeld gebeten haben, sich den bevorstehenden Arbeitsauftrag einmal anzusehen. Es entsteht somit eine Verbindlichkeit, diese Aufgabe dann im Anschluss auch anzunehmen.

2. Seien Sie Vorbild in Sachen positiver Arbeitshaltung

Als Führungskraft liegt es an Ihnen, Ihr Team zu motivieren und für die Arbeit zu begeistern.

Seien Sie also ein Vorbild und nutzen Sie die Macht der positiven Gefühle um auch diese Emotionen bei Ihrem Mitarbeitern hervorzurufen.

Wer in einem gut gelaunten, motivierten Arbeitsumfeld tätig ist, der kann für eine angenehme Arbeitsatmosphäre sorgen, in der alle Mitarbeiter produktiv und leistungsfähig sein können.

Wecken Sie positive Gefühle in Ihren Angestellten indem Sie zur rechten Zeit sparsames Lob anbringen und somit die Produktivität der Mitarbeiter ankurbeln. Wieso nur sparsam loben fragen Sie sich jetzt vielleicht? Die Antwort liegt dabei klar auf der Hand. Lobt die Führungskraft seine Mitarbeiter kontinuierlich, so verliert diese Anerkennung mit der Zeit an Wert. Wer seine Anerkennung durch gezieltes Loben jedoch nur hin und wieder einsetzt, sorgt bei seinen Mitarbeitern für ständige Aufmerksamkeit und Arbeitseifer, der nicht abebbt.

Die positiven Emotionen , die Sie als Führungskraft durch Lob, Wertschätzung und ehrliche Anerkennung an Ihre Mitarbeiter weitergeben, setzen bei diesem positive Emotionen frei, die dafür sorgen, dass Sie durch die guten Gefühle mehr Leistung erbringen können.

Positive Energie wird durch Glücksgefühle hervorgerufen. Diese Energie kann in einem positiven Arbeitsumfeld direkt in gute Leistung umgewandelt werden. Deshalb ist es so wichtig, dass Sie als Führungskraft mit einer optimistischen Einstellung als Vorbild für Ihre Abteilung stehen.

Negative Gefühle im Keim ersticken

Wer mit schlechten Gefühlen zur Arbeit erscheint, der stört nicht nur die gute Atmosphäre innerhalb des Teams, sondern sorgt unbewusst auch dafür, dass seine eigene Arbeitsleistung geschwächt wird. Für das gesamte Team ist ein solcher Mitarbeiter nicht nur ein enormer Störfaktor, sondern auch extrem unproduktiv.

Ihre Aufgabe als emotional geprägte Führungskraft ist es, diese negative Emotion an Ihren Angestellten zu erkennen und sie möglichst schnell in gute Energie umzuwandeln.
Suchen Sie das Gespräch mit Ihrem Mitarbeiter, hören Sie zu und nehmen Sie die Sorgen und Ängste des Gegenübers ernst. Nur wer sich ehrlich für die Belange seiner Mitarbeiter sorgt und sie ausmerzen will, kann die Emotionen seiner Mitmenschen erfolgreich steuern.

Auch Konflikte innerhalb des Teams müssen alsbald aus der Arbeitsatmosphäre verbannt werden. Meinungsverschiedenheiten kommen in jedem Team vor, jedoch stören Sie die Leistungsfähigkeiten jedes einzelnen Teammitglieds.

Stärken Sie den Teamgeist innerhalb Ihrer Abteilung, versuchen Sie die Änderung von Emotionen bei Ihren Mitarbeitern schnell zu erkennen und wirken Sie diesen entgegen. Wer es schafft, seine Angestellten so gut zu kennen um kleinste Veränderungen in ihrem Wesen schnell zu sehen, der kann diesen emotionalen Störungen auch schnell entgegenwirken.

Orientierung geben

Sie sind als positive Führungskraft nicht nur Dirigent Ihres Teams, sondern auch Ansprechpartner für alle Belange, für Sorgen und Ängste, die die Arbeitsleistung Ihrer Angestellten stören kann.

Nehmen Sie die Individualität der einzelnen Mitarbeiter an Jeder Angestellte hat ganz persönliche Eigenschaften, die ihn unverwechselbar und kostbar machen. Sie müssen erkennen, welche Fähigkeiten den einzelnen Menschen in Ihrem Team ausmachen.

Als Dirigent Ihrer Abteilung obliegt es Ihnen, Arbeitsgruppen so einzuteilen, dass eine optimale Leistung entstehen kann. Nutzen Sie die individuellen Fähigkeiten der einzelnen Mitarbeiter um Sie durch die Zusammenarbeit mit Kollegen zu einem wertvollen Team einzuteilen.

Kommunizieren Sie die Wertschätzung der Fähigkeiten und sorgen Sie so für ein angenehmes Arbeitsklima. Dabei ist es hilfreich, wenn Sie die besonderen Kenntnisse und Fähigkeiten verbal kommunizieren und dem Mitarbeiter so zeigen, dass Sie in dem Moment genau auf diese Stärken setzten.

Ein Beispiel:

Mitarbeiterin A kann besonders Kreativ sein
Mitarbeiter B kann Ideen am besten umsetzen
Stellen Sie ein Arbeitsteam aus diesem beiden Angestellten zusammen und kommunizieren Sie den Arbeitsauftrag in etwa so:

„Frau A, ich schätze es sehr, dass Sie schnell individuelle Ideen entwickeln können. Würden Sie sich bitte einmal dieses Projekt anschauen und mir ihre Meinung dazu sagen?"

„Herr B. Sie können doch Ideen so gut bildlich darstellen. Würden Sie bitte zusammen mit Frau A einmal einen Plan zum Projekt XY anfertigen?".

Sie haben somit klar kommuniziert, welche Fähigkeiten der einzelne Angestellte ansetzen muss, damit das Projekt XY angegangen werden kann. Die Mitarbeiter fühlen sich nun ganz persönlich in das Projekt involviert und haben erkannt, dass ihre persönlichen Fähigkeiten wichtig sind um das Arbeitsprojekt realisieren zu können.

Wer die Leistungen und Fähigkeiten seiner Mitarbeiter immer wieder klar kommuniziert, appelliert so direkt an das einzelne Mitglied der Abteilung und sorgt für ein Gefühl, dass Produktivität hervorruft.

Mit Sätzen wie etwa: „Sie beide zusammen, dass kann nur erfolgreich werden." oder „Sie ergänzen sich durch ihre individuellen Kenntnisse perfekt" erreichen Sie als Führungskraft eine Arbeitsleistung, die Sie zufriedenstellen möchte.

Stolz ist ebenfalls eine Emotion, die zu enormen Leistungen antreiben kann. Wer es schafft, dieses Gefühl in seinen Mitarbeitern hervorzurufen, der kann seine Angestellten zu echten Höchstleistungen antreiben.

Ängste nehmen durch gute Vorbereitung
Das ganze Büro ist angespannt, weil ein großes Projekt eines wichtigen Kunden bevorsteht.

Diese bevorstehende Aufgabe kann in sensiblen Mitarbeitern Angst hervorrufen. Ängste sind Emotionen, die einen Menschen sprichwörtlich vor Schreck erstarren lassen und lähmen können.

Lassen Sie diese Angst nicht zu groß werden.
Furcht kann ein antreibender Motivator in brenzligen Situationen sein. Wir wissen, dass Menschen in besonderen Situationen, die eine Gefahr sein könnten, über sich hinaus wachsen können.

Es kann also hilfreich sein, ein wenig Angst als motivierende Emotion walten zu lassen. Als Führungskraft, die sich durch ihre emotionale Intelligenz auszeichnet, sind Sie dazu in der Lage, Ihr Team für eine solche Aufgabe zu wappnen.

Nutzen Sie Ihre Fähigkeiten um das Team zu motivieren.
Kommunizieren Sie das gemeinsame Ziel klar, machen Sie aber auch deutlich, dass die Aufgabe ein lösbares Projekt ist, dass das Team stärken und Zusammenschweißen kann. Eine gute Vorbereitung ist das A und O und sorgt bei jedem einzelnen Mitarbeiter für einen Rückhalt, der die eigenen Fähigkeiten stärkt und so zur Produktivität anregt.

Herausforderungen , die jeden einzelnen Mitarbeiter inspirieren, ihn fordern und fördern, sorgen dafür, dass Ihr Team gemeinsam zu einer maximalen Arbeitsleistung inspiriert wird.

Bieten Sie Ihren Mitarbeitern die Chance, sich kreativ in das Projekt einbringen zu können und delegieren Sie auch einmal wichtige Aufgaben. Auch als Führungskraft müssen und dürfen Sie Ihre Mitarbeiter nicht überwachen, sondern treiben die Leistungen an, indem Sie Ihren Angestellten zeigen, dass Sie dem einzelnen Mitarbeiter vertrauen und ihm zutrauen, schwierige Aufgaben selbstständig übernehmen zu können.

Konstruktive Kritik üben
Niemand hört gern Kritik, aber Sie als emotionaler

Führungsmitarbeiter haben die Macht, die kritischen Argumente direkt umzuwandeln und in ein motivierendes Gefühl zu ändern.

Ein Beispiel aus der Praxis könnte so aussehen:

„Lieber Mitarbeiter XY, den Entwurf für die Werbemaßnahme von Kunde YZ haben Sie sehr detailliert entworfen. Mir wäre es aber lieber, wenn Sie den ersten Entwurf skiziieren, damit wir gemeinsam weiterarbeiten können."

In dem aufgeführten Beispiel stellen Sie die positive Eigenschaft, nämlich das genaue und detailreiche zeichnen des Mitarbeiters in den Vordergrund und loben ihn. Jedoch wünschen Sie sich zunächst eine grobe Skizze und keine detailreiche Ausarbeitung. Nennen Sie bei Kritikpunkten immer zunächst die guten Seiten des Mitarbeiters oder die Aufgaben, die er zu Ihrer Zufriedenheit ausgeführt hat. So nehmen Sie der folgenden Kritik die Schärfe und motivieren den Mitarbeiter es beim nächsten Mal besser zu machen.

Verpacken Sie die Kritik in positive Aussagen :"Wir arbeiten dann zusammen daran weiter", und kritisieren Sie ihn nicht nur. Kritik ist destruktiv, wenn Sie es aber schaffen, den Mitarbeiter erst zu motivieren, kann er die kritischen Punkte besser annehmen und daraus lernen.

Das Wichtigste noch einmal im Überblick

Um Ihr Team mit Ihren emotionalen Kompetenzen zu leiten müssen Sie:

- Krisen schon vor der Entstehung erkennen
Zum Beispiel:
Konkurrenzkampf im Team entkräften und das gemeinsame Arbeiten fördern

- Die Emotionen Ihrer Mitarbeiter erkennen und richtig deuten
Empathisch sein, ehrlich sein, Gefühle wahrnehmen und positiv
beeinflussen

- Zielorientiert arbeiten
Hilfestellung leisten, kompetente Teams bilden, Herausforderungen
schaffen

-Work - Life Balance schaffen
Durch einen optimalen Ausgleich zwischen Arbeit und Freizeit
können Sie Ihr Team motivieren und optimale Leistungen erzielen.

Resilienz erhöhen durch eine emotional intelligente Führungskraft

Ein Team mit einem hohen Faktor an Resilienz kann effektiv
arbeiten, ist Leistungsstark und lässt sich auch durch Krisen nicht
beeinflussen.

Eine Führungskraft, die ihre Arbeitsweise als emotionale intelligenter Mensch lebt, schafft es, die Resilienz seines gesamten Teams
zu optimieren.

Ihre kostenfreies Hörbuch

Dieses Buch können Sie als neuer Audible Nutzer kostenlos als Hörbuch genießen. Folgen Sie dem Link um sich dieses Hörbuch jetzt kostenfrei zu sichern:

cherryfinance.de/ADBL5

WAS IST RESILENZ?

. . . . .

ER BEGRIFF RESILIENZ STAMMT aus dem lateinischen und bedeutet übersetzt etwa so viel wie „Abprallen" oder auch „Zurückspringen". Es bezeichnet daher die Widerstandskraft eines Menschen auf Schicksalsschläge und Krisen.

Während manche Menschen sich von kleinsten Rückschlägen entmutigen lassen, gibt es einige, die sich auch nach schweren Erkrankungen, nach dem Tod des Ehepartners oder beruflichen Bankrotts wieder zurück ins Leben kämpfen und weiter agieren, als wäre nie etwas geschehen.

In der Psychologie versteht man unter Resilienz daher eine Person, die vor nichts zurückschreckt und Lebenskrisen ohne psychische Folgen meistern kann.

Welche Auswirkungen hat die Resilienz bei meinen Mitarbeitern?

Menschen, die sich durch ihre Resilienz auszeichnen, sind in Unternehmen jeder Art gefragt. Mitarbeiter, die sich durch persönliche oder berufliche Krisen sprichwörtlich aus der Bahn werfen lassen, demotivieren nicht nur sich selbst, sondern sind auch ein Störfaktor, der die Produktivität der gesamten Abteilung lahmlegen kann.

Resilienz bezeichnet also somit auch die innere Stärke, uns von negativen Ereignissen nicht lenken zu lassen und trotz Krisen weiterhin Leistungsfähig und emotional stabil bleiben zu können.

Ein Mitarbeiter, der aus einer Krise, ganz gleich ob beruflich oder privat, gestärkt hervorgeht, zeigt, dass er über eine herausragende emotionale Intelligenz verfügt, denn er kann offensichtlich seine eigenen Ressourcen so nutzen, dass er die Emotion beeinflussen und in positive Energie für die neuen Aufgaben umwandeln kann. Angestellte, die durch kleinste Krisen schon einen deutlichen Leistungsabfall verursachen, sind in Unternehmen nicht gern gesehen. Die Resilienz eines Menschen hält das Team zusammen und macht es leistungsfähig und stark.

Das resiliente „Stehaufmännchen" zeigt sich durch Leistung, soziale und emotionale Kompetenzen und durch die positive Energie, die auch nicht durch schwere Schicksalsschläge beeinflusst wird.

Auf eine Krise reagiert der resiliente Mitarbeiter durch besondere Aufmerksamkeit, die die schwierige Situation fordert. Er sieht diese schwere Zeit als Förderung seiner eigenen Recoursen und Stärkung der emotionalen Widerstandskraft. Durch die emotionale Stärke und durch sein Bewusstsein der eigenen Fähigkeiten kann ein Mensch, der sich durch seine Resilienz auszeichnet, immer wieder neu auf schwierige Situationen einstellen.

In einer krisenhaften Zeit zeigt er durch seine herausragenden Fähigkeiten immer wieder neue Wege aus der Krise und kann flexibel auf bevorstehende Herausforderungen agieren. Mit seinem kreativen Gespür für schwere Situationen kann er eine gute Führungskraft für ein Team sein, dass voll und Ganz auf die Kompetenzen der leitenden Kraft vertrauen kann.

Für eine Führungskraft mit emotionaler Stärke ist die Resilienz von großer Wichtigkeit, denn sie kann durch diese persönliche

Fähigkeit Ihre Mitarbeiter aus der Krise führen und in schwierigen Zeiten als Vorbild gelten, wenn sie vorlebt, wie man eine Krise als Möglichkeit wahrnimmt.

Die Krise als Möglichkeit

In einem Unternehmen können immer wieder neue Herausforderungen auf Sie und Ihre Abteilung warten. Eine emotional begabte Person wie Sie weiß aber genau, wie Sie auf solche Umstände reagieren muss, damit das gesamte Team leistungsorientiert weiterarbeiten kann.

Scheuen Sie sich in einer Krise nicht, die Herausforderung anzunehmen und Ihrem Team, aber auch den Vorgesetzten zu beweisen, dass Sie durch Ihre emotionalen Kompetenzen ein wichtiger und vor allem widerstandsfähiger Mitarbeiter sind, der auch in schwierigen Zeiten bereit ist, die gewohnte Leistung zu erbringen.

Ein Beispiel aus der Praxis:

Schon seit geraumer Zeit geht in der Firma das Gerücht um, das aus betriebsinternen Gründen einige Mitarbeiter entlassen werden müssen. Natürlich haben auch Ihre Mitarbeiter von diesen Munkeleien gehört und sorgen sich nun um ihren Arbeitsplatz. Sie müssen nun dafür sorgen, dass diese Angst um den Arbeitsplatz nicht zu einer destruktiven Arbeitsweise führt, sondern müssen Ihre Mitarbeiter dahingehend motivieren, noch effektiver zu arbeiten um ihre Wichtigkeit und Leistungsfähigkeit für das Unternehmen darstellen zu können.

Nehmen Sie sich die nötige Zeit, um mit Ihrem Team die Sorgen und Nöte zu besprechen, aber fordern Sie zugleich Arbeitshaltung, damit die Angst nicht lähmend wirkt. Wer Leistung zeigt und dem Unternehmen mit seinen individuellen Leistungen wichtig ist, der muss auch nicht um seinen Job bangen.

Dies auf eine verständliche Weise zu vermitteln ist Ihre Aufgabe als emotional intelligente Führungskraft. Nutzen Sie die vermeintliche Krise als Stabilisator für Ihr Team und führen Sie es zum Ziel, indem Sie es motivieren und Leistungsbereitschaft stabilisieren.

Wie kann ich meine eigene Resilienz optimieren?

Scheinbar sind manche Menschen von der Wiege an mit psychologischer Widerstandskraft geboren worden und einige wiederum nicht.

Während manche Menschen nach einem Schicksalsschlag untergehen und in ihren Gefühlen zu ersticken drohen, nutzen andere diese Begebenheit um schnell aus dem emotionalen Loch herauszukommen und neue Wege für die veränderte Lebenssituation zu suchen.

Wenn Sie jetzt denken, Sie gehören in die erste Kategorie, so kann man Ihnen versichern, dass, ähnlich wie die emotionale Intelligenz, die Resilienz auch eine Fähigkeit ist, die sich erlernen lässt.

Sie haben sich schon als emotional intelligente Führungskraft bewiesen und üben täglich um die emotionalen Kompetenzen weiter auszubauen?

Dann optimieren Sie Ihre tägliche Routine und fördern Sie zugleich auch die eigene Widerstandskraft.

Die positive Lebenseinstellung ist der Anfang

Ob es nun um Resilienz geht, um emotionale Kompetenzen oder einfach beruflichen Erfolg, all dass basiert auf eine positive Lebenseinstellung.

Wer immer nur missmutig durchs Leben geht, der kann seine eigenen Recoursen gar nicht nutzen und wird nicht erfolgreich sein.

Freuen Sie sich jeden Tag auf die bevorstehenden Stunden und seien Sie gespannt, was der Alltag für Sie bereit hält. Im Leben kommt es immer anders als man denkt, also seine Sie offen für Neues und verfallen Sie nicht in eine negative Grundhaltung.

Lernen Sie, sich auf neue Situationen einzustellen und bleiben Sie immer interessiert und offen für die Wirrungen des Lebens.

Nur wer positiv denkt, der kann im Leben auch gute Erfahrungen sammeln. Freuen Sie sich über die Möglichkeiten die Ihre Berufswahl Ihnen bietet. Zeigen Sie Freude im Umgang mit Ihrem Team und schätzen Sie die Anwesenheit und die individuellen Fähigkeiten jedes einzelnen Mitarbeiters. Wer am Ende des Tunnels ein Licht sieht, dem scheint der Weg durch die Krise auch nicht schwer zu fallen.

Planen Sie Veränderungen des Lebens ein

Wie soll ich denn Schicksalsschläge einplanen, ich kann doch nicht in die Zukunft sehen. Sicherlich fragen Sie sich jetzt, wie dieser Hinweis gemeint ist. Dabei ist es eigentlich nicht schwer, sich mal Gedanken über die Zukunft zu machen.

Ein Mensch mit besonderen emotionalen Fähigkeiten zeichnet sich dadurch aus, dass er sich Gedanken über das bevorstehende macht.

Er lebt nicht nur im Hier und Jetzt, sondern plant seinen weiteren Weg sehr gewissenhaft. Auch die Planung von möglichen schweren Lebenswegen gehört zu einem emotionalen Menschen dazu.

Leute, die ein hohen Maß an Resilienz aufweisen wissen, dass Ihnen das Glück nicht immer nur hold sein kann. Sie verstehen auch, dass es durch einen unbedachten Moment zu einem schweren Schicksalsschlag kommen kann. Schwere Krankheiten oder Unfälle erschüttern jeden Tag das unbeschwerte Leben von vielen Menschen.

Als Mensch mit einem hohen Faktor von Resilienz ist es Ihnen wichtig, sich auch über solche Ereignisse Gedanken zu machen.

Nehmen Sie sich die Zeit um einmal zu reflektieren: „Was wäre wenn...". Niemand denkt gerne an einen schlimmen Unfall oder eine beängstigende Diagnose bei der regelmäßigen Kontrolluntersuchung. Aber um allen Eventualitäten vorbeugen zu können, sollten Sie einmal diese Situationen durchspielen.

Im privaten kann dies bedeuten, dass Sie sich, gemeinsam mit dem Partner oder der Partnerin zusammensetzen und Wege überlegen, mit denen Sie eine solche Situation meistern könnten. Sollten Sie eine Pflegeversicherung aufsetzen, ist ein Testament vorhanden?

Ein Mensch mit großer Resilienz ist in einer solchen Situation gut abgesichert und lässt sich von solchen Schicksalsschlägen nicht überraschen.

Auch im Büro können Sie solchen Situationen mit dem Team vorbeugen.

Wenn in Krisenzeiten Mitarbeiter entlassen werden, suchen Sie das Gespräch mit Ihren Angestellten und sprechen Sie einmal durch, das passieren muss, falls es auch Ihre Abteilung treffen sollte. Können Mitarbeiter bei einer Rationalisierung in eine andere Filiale wechseln oder gibt es die Möglichkeit in einer anderen Abteilung unterzukommen?

Bei Mobbing müssen Sie ebenfalls als Führungskraft handeln, damit Ihr Team weiterhin produktiv arbeiten kann. Setzen Sie hier klare Grenzen und suchen Sie nach Möglichkeiten, das Schikanieren von Kollegen zu unterbinden.
Sie sind kreativ und können solche schweren Situationen durch Ihre unterschiedlichen Kompetenzen verhindern. Nutzen Sie Wege, um Ihr Team weiterhin leistungsfähig zu halten.

Sie müssen Situationen akzeptieren lernen

Manche Menschen verschließen die Augen regelrecht vor der Realität. Sie verdrängen alle unangenehmen Dinge und sehen nur die positiven Wege. Als ein Mensch, der schwierige Situationen als Möglichkeit der Weiterentwicklung sehen möchte, müssen Sie der Wahrheit sprichwörtlich ins Gesicht sehen. Verstecken Sie sich nicht vor unangenehmen Situationen, nehmen Sie die Realität in all ihren Zügen an und versuchen Sie die neue, wenn auch unangenehme Situation zu bestreiten. Sagen Sie sich dazu immer wieder vor : „Ja, ich nehme es hin dass..... und nutze diese Situation um ...." Wer sich solche Dinge immer wieder als Möglichkeit der neuen Selbstentfaltung verbal vor Augen hält, kann Krisen schnell meistern und als selbstbewusste Person aus der Krise hervorgehen.

Menschen, die sich durch unangenehme Situationen bewähren konnten, zeigen nach dem Unglück, nach der Krise viel mehr Selbstvertrauen und Mut und können beweisen, dass Sie zu weit höherem fähig sind, als ihnen vorher bewusst war.

Deshalb nehmen Sie die Situation unbedingt an und versuchen Sie einen Weg zu finden, wie Sie diese Krise für sich selbst nutzen können.

Suchen Sie Lösungen um die Krise bewältigen zu können Verschaffen Sie sich zunächst einen Überblick über die Situation in die Sie nun geraten sind. Reflektieren Sie diese Krise und auch Ihre ganz persönlichen Fähigkeiten um eine Möglichkeit finden zu können, mit der Sie diese Krise bewältigen können.

Verstehen Sie diese Situation als neuen Lebensweg, und zeigen Sie Mut, wenn Sie einen Lösungsweg finden. Nutzen Sie neue Möglichkeiten um Ihren Weg aus der Krise zu finden.

Manchmal bedarf es unkonventionellen Lösungsmöglichkeiten um einen Ausweg aus dieser Lebenssituation finden zu können.

Zeigen Sie emotionale Stärke und glauben Sie an die glückliche Zukunft die Ihnen bevorsteht, wenn Sie diesen Schicksalsschlag überstanden haben.

Glauben Sie an Ihre Zukunft und blicken Sie nicht immer zurück an das was einmal gewesen ist. Wer nur gedanklich in der Vergangenheit lebt, kann sich leider nicht weiterentwickeln und erfolgreich sein. Halten Sie Ihren Blick auf die Zukunft und bleiben Sie nicht sentimental in der Vergangenheit stecken.

Begeben Sie sich nicht in die Opferrolle

Als leitender Angestellter sind Sie die Führungskraft, die dem Team einen Weg aus der Misere weisen kann.

Verstricken Sie sich nicht in Gedankengänge wie:

„Warum passiert mir sowas immer nur?"
oder
„Mir passiert nie etwas Gutes, immer erlebe ich nur negative Dinge".

Wer sich in solche Gedanken verstrickt, der erlebt eine negative Spirale, aus der er oder sie nicht mehr herausfinden kann. Ebenfalls können solche negativen Gedanken das Ich beeinflussen und zu einer sich selbst erfüllenden Prophezeiung werden. Denn wer immer nur vor Augen hat, dass ihm etwas schlimmes widerfahren könnte, der erkennt die guten Dinge des Lebens nicht mehr und wartet regelrecht auf einen Schicksalsschlag. Tritt dieser dann tatsächlich ein, fühlt sich die Person wieder in seinen Aussagen bestätigt und verstrickt sich immer weiter in diese negative Gedankenspirale. Resiltente Menschen nehmen Schicksalsschläge als Herausforderungen an, suchen neue Wege um die neue Situation umzugestalten und gehen aus der Erfahrung motiviert und gestärkt hervor.

Geben Sie niemals anderen Menschen die Schuld für Krisen

Niemand ist gerne Schuld an einer Krise oder einem Schicksalsschlag. Dennoch sollten Sie es vermeiden, einen Mitmenschen Schuld zuweisen zu wollen. Die Zuweisung von Schuld wird die Situation meist auch nicht verbessern können und Sie säen mit der Schuldzuweisung nur negative Emotionen bei Ihrem Mitmenschen. Als empathische Führungskraft mir einem hohen Maß an Resilienz können Sie die schwierige Situation einfach so hinnehmen ohne die Schuld an jemanden abzutreten.

Als emotionaler Mensch können Sie die eigenen Fehler erkennen und so daraus Rückschlüsse ziehen, durch die Sie es vermeiden können, den gleichen Fehler noch einmal zu begehen.

Nutzen Sie soziale Netzwerke um die Krise meistern zu können

Sie müssen eine schwierige Situation nicht alleine meistern. Vielmehr zeigt es Ihre Kompetenz als emotional intelligente Führungskraft, wenn auch Sie einmal in der Lage sind und Hilfe bei Ihren Mitmenschen suchen.

So aktivieren Sie nicht nur Ihre eigenen sozialen Netzwerke, sondern können auch bei Ihren Kollegen, Familienmitgliedern oder Freunden an deren eigene emotionalen Fähigkeiten appellieren.

Zeigen Sie Menschlichkeit indem Sie um Hilfe bitten und lernen Sie, wie Sie gemeinsam mit der Unterstützung von anderen Menschen über sich hinaus wachsen können. Wenn Sie den eigenen Resilienzfaktor optimiert haben, können Sie dieses Wissen auch an Ihre Mitarbeiter weitergeben.

Nutzen Sie diese Fähigkeiten um Ihre Abteilung dauerhaft auf einem konstanten Leistungsniveau halten zu können.

Oberste Ziele sollten dabei sein:

- Das Ihr Team nicht unter andauerndem Stress steht:
Sorgen Sie als leitender Angestellter für eine optimale Arbeitsauslastung, sorgen Sie aber auch dafür, dass Ihren Mitarbeitern die Möglichkeit gewährt wird, die eigenen Recoursen wieder aufzufüllen und neue Kräfte entwickeln zu können.

Bieten Sie Möglichkeiten neue Energie zu tanken um dann kreativ und intuitiv an neuen Ideen weiterarbeiten zu können.

Vermeiden Sie es, auch bei wichtigen Projekten viele Überstunden zu verordnen. Das hemmt nicht nur die Lust am Arbeiten, sondern macht auf Dauer durch die übermäßige Belastung auch unproduktiv. Ihre Mitarbeiter finden in der hektischen Zeit keine Möglichkeit der Entspannung und erfahren dadurch einen Leistungsabfall, der für Unproduktivität sorgt.

- Überforderung vermeiden

Lassen Sie Ihr Team nicht unüberlegt große Aufgaben bewältigen, sondern seien Sie als Führungskraft dazu da, bei Schwierigkeiten Hilfe zu leisten und als kompetenter Ansprechpartner jederzeit zu Fragen bereit zu stehen.

Vermeiden Sie Stress, der durch zu hohe Anforderungen entsteht. Bereiten Sie sich und das Team optimal auf bevorstehende Projekte vor, geben Sie Ihren Mitarbeitern die Möglichkeit sich auf Fortbildungen, Seminaren oder Wochenendkursen weiterzubilden.

Qualifizierte Mitarbeiter, die immer weitergebildet werden, erfahren so nicht nur Wertschätzung, sondern können ihr fundiertes Wissen auch an das gesamte Team weitergeben und die Arbeitsleistung so optimieren.

-das Gefühl fremdbestimmt zu handeln

Lassen Sie Ihren Mitarbeitern auch mal die Entscheidungsgewalt und ermöglichen Sie Ihnen, selbstbestimmt handeln zu können. Wer für jede Entscheidung um Erlaubnis bitten muss, der verliert früher oder später das Interesse an seiner Arbeit und fühlt sich aufgrund einer untergeordneten Rolle als Ausführung fremder Handlungen. Motivierend ist es für die Angestellten, wenn Ihnen die Chance zur freien Gestaltung gegeben wird, damit Sie die eigenen Fähigkeiten belegen können. Wer seine Mitarbeiter immer wieder fordert, der fördert damit auch die individuellen Kompetenzen der einzelnen Arbeitskraft. Wer selbst bestimmen kann und Aufgaben so bearbeiten kann, wie es in seinem Sinne ist, der ist nachweislich produktiver und kann gute Leistungen erbringen.

-Sinnlose Tätigkeiten übernehmen

Wer immer nur mit sinnlosen und nichtigen Aufgaben betraut wird, der wird irgendwann die Lust an seiner Arbeit verlieren und kontraproduktiv für das Team. Als Führungskraft, die ihre Tätigkeit mit emotionaler Intelligenz ausführt, ist es Ihre Aufgabe, den einzelnen Mitarbeiter zu fordern und ihn nach Möglichkeit in seinen Interessen und Fähigkeiten zu fördern. Sicher fallen in Ihrer Abteilung auch mal Aufgaben an, die den Ansprüchen Ihrer Mitarbeiter nicht entsprechen, versuchen Sie bitte diese Aufgaben immer im Wechsel zu delegieren, damit kein Mitarbeiter denkt, er würde stets die Aufgaben übernehmen müssen, die seine Kollegen nicht machen wollen. Wenn Sie die lästigen Aufgaben im Team rotieren lassen, kommt jeder Angestellte einmal dran und kann dann wieder Aufgaben übernehmen, die seinen Leistungen und Fähigkeiten entsprechen.

-Keine Freude an der Arbeit

Wer sich immer nur mit gleichen Aufgaben befassen muss, der erfährt schnell die Monotonie am Arbeitsplatz. So kann keine Freude entwickelt werden. Eine abwechslungsreiche und interessante Aufgabe stärkt die Kompetenzen eines Mitarbeiter und fördert seine Resilienz. Wer immer wieder neue Herausforderungen am Arbeitsplatz annehmen kann, geht mit guter Laune und Interesse an sein Tagewerk.

Resilienz wirkt prophylaktisch gegen diese Störfaktoren am Arbeitsplatz

Wer Resilienz zeigt, ist für die Chefetage ein gefragter Mitarbeiter, der kontinuierlich Leistung zeigen kann und so für das Unternehmen zu einem wertvollen Mitarbeiter heranwächst.

Nachweislich kann Resilienz einige Faktoren und Risiken verringern, die einen Arbeitnehmer in seiner Leistung schwächen kann.

Resilienz schützt vor:

- Burnout
Die große psychische Erkrankung fordert immer mehr die Gesundheit von Arbeitnehmern und belastet so das berufliche wie das private Leben.

Wer ständig im Job unter Strom steht, Aufgabe um Aufgabe bewältigen muss und sprichwörtlich die Uhr im Nacken hat, der erleidet irgendwann zwangsläufig den emotionalen Kollaps.

Dank der Resilienz und den emotionalen Kompetenzen kann das Risiko eines Burnouts deutlich verringert werden. Sie erkennen einen resilienten Mitarbeiter an seiner Reizbarkeit und der Antriebsschwäche, die typisch für ein Burnout, aber auch für eine schwere Depression ist.

Stärken Sie einen Mitarbeiter in seinen Kompetenten wenn Sie als Führungskraft festgestellt haben, dass sich die Motivation Ihres Mitarbeiters plötzlich in Antriebslosigkeit umgewandelt hat. Nutzen Sie ein Gespräch mit dem Mitarbeiter um der Sache auf den Grund zu gehen.

-Resilienz beugt Depressionen vor

Ein emotional stabiler Mensch kann durch seine innere Widerstandskraft emotionalen Krisen entgegenwirken und sucht sich professionelle Hilfe, bevor die Depression ausbrechen kann.

Der zukunftsorientierte Mitarbeiter scheut sich nicht vor schweren Aufgaben und blickt immer positiv auf die Anforderungen der Zukunft. Er scheut sich nicht auch in Krisenzeiten optimistisch zu bleiben und kann so selbst effektiv gegen eine Depression arbeiten.

-Stagnation bekämpfen

Stagnation, der Stillstand im Leben ist ein negativer Emotionenkiller, der die Leistungsfähigkeit innerhalb eines Teams lahmlegen kann.

Wer während einer Aufgabe nicht mehr weiterkommt, der verliert nicht nur den Mut, sondern auch die Lust, seine Fähigkeiten für das Unternehmen einzusetzen.

Resilienz kann insofern die störende Stagnation bekämpfen, indem ein emotional stabiler Mensch es schafft, Wege und Mittel zu finden, mit denen er sein Ziel doch noch erreichen kann. Durch seine kreativen Fähigkeiten sucht er nach einer Idee, mit denen man zielorientiert weiterarbeiten kann.

-Negative Bewertungen vorbeugen

Wer zielorientiert arbeiten kann und kontinuierlich gute Leistung vorweist, der braucht keine negative Bewertung befürchten. Aber oft ist es auch die innere Haltung, die innere Stimme, die unsere Taten so schlecht bewertet, dass es unser Selbstwertgefühl nachhaltig stören kann.

Als Mensch mit einem hohen Maß an Resilienz können wir solchen inneren Bewertungen entgegenwirken und uns durch die eigenen Emotionen wieder auf ein motiviertes Level bringen. Ein Mensch der seine tiefsten Emotionen wahrnimmt und sie durch seine innere

Widerstandskraft verändern kann, der wird nicht zulassen, dass er sich selbst und seine erledigten Aufgaben schlecht bewertet. Er kann für seine gemeisterten Herausforderungen Stolz empfinden und nutzt diese Emotion als Motivator für nachfolgende Herausforderungen.

-Resilienz kann Fehlzeiten regulieren

Wer vor psychischen Erkrankungen wie Depressionen oder Burnout gewappnet ist und gesund bleibt, der kann seine Leistungen auch an jedem Tag im Büro erbringen.
Durch die Resilienz können auffällig viele Fehlzeiten von Angestellten reguliert werden.

Herrscht in Ihrer Abteilung jedoch eine enorme Vulnerabilität, also die Anfälligkeit für emotionale Erkrankungen , aber auch physische Erkrankungen, so werden Sie schnell feststellen, dass die Krankenrate in Ihrer Abteilung enorm hoch ist.

-Leistungsfähigkeit steigern

Wer resiliente Mitarbeiter in seinem Team führt, der kann durch eine emotional geführte Abteilung eine enorme Leistung erfahren. Wer es schafft, seine Mitarbeiter individuell und persönlich zu fordern und zu fördern, der findet motivierte und Leistungsstarke Mitarbeiter in seiner Abteilung vor.

-Potentiale nutzen

Jeder Mitarbeiter hat eigene Fähigkeiten, die er in einer guten Arbeitsatmosphäre voll entfalten kann. Für Sie als Führungskraft ist es wichtig, die jeweiligen Potentiale der einzelnen Mitarbeiter zu erkennen und diese für eine optimale Leistung zu nutzen.

Nutzen Sie die individuellen Fähigkeiten Ihrer Teammitglieder und stellen Sie Arbeitsgruppen zusammen, die perfekt miteinander harmonisieren und beste Ergebnisse erbringen können. Achten Sie dabei aber nicht nur auf die individuellen Fähigkeiten die jeder Angestellte mit sich bringt, sondern achten Sie auch auf die zwischenmenschlichen Aspekte, damit Sie ein leistungsfähiges und kompetentes Team an eine zielorientierte Arbeit heranführen können.

- Stress reduzieren
Stress ist der Killer, der jede gute Arbeitsatmosphäre zunichte machen kann. Versuchen Sie daher, Stressfaktoren im Keim zu ersticken.

Knappe Arbeitszeit:

Sie müssen mit Ihrem Team ein Projekt in kürzester Zeit bewältigen? Nutzen Sie die knappen Ressourcen und versuchen Sie in der vorgegebenen Zeit das Ziel mit den möglichen Mitteln zu erreichen. Damit sich kein Zeitdruck entwickeln kann, geben Sie Ihren Mitarbeitern die Möglichkeit sich voll und ganz auf das wichtige Projekt zu konzentrieren. Die knappe Zeit kann durch Telefon, E-Mail oder unnötige Aufgaben nur aufhalten und als Störfaktor betrachtet werden. Ziehen Sie fähige Mitarbeiter aus dem Team ab, die sich nun komplett dem Projekt widmen können ohne durch andere Mitarbeiter oder Telefone gestört werden können.

Auch wenn Multitasking im Job sehr gern gesehen wird, wenn die Zeit knapp bemessen ist und ein Projekt oberste Priorität hat, sollten Sie Ihren Angestellten die Möglichkeit geben, sich nur einer Aufgabe widmen zu können.

Leistungsdruck:

Motivieren Sie Ihre Mitarbeiter gekonnt um eine optimale Leistung erzielen zu können. Lassen Sie jedoch keinen enormen Druck aufkommen, indem Sie den Mitarbeitern gar drohen, wenn das Projekt nicht positiv vom Kunden aufgenommen wird.

Geben Sie den Mitarbeitern Raum zur freien Gestaltung des Projekts ohne sich über die Konsequenzen sorgen zu müssen. In einer stressfreien Arbeitsatmosphäre können sich Ideen besser entfalten und führen so zu einem besseren Ziel.

Ernährung und Bewegung

Den ganzen Tag starr am Computer sitzen ohne sich auch nur mal zu bewegen ist nicht nur ungesund, sondern kann auch die Produktivität hemmen. Als Führungskraft achten Sie auch darauf, dass Ihre Mitarbeiter bei einem Einbruch der Arbeitsleistung die Möglichkeit zur Bewegung bekommen. Durch körperliche Aktivität wird nicht nur der Körper entlastet, sondern auch die Hirnaktivität angeregt. Gerade wer in einem gedanklichen Loch war, kann nach einem kleinen Spaziergang wieder

SO FÜHREN SIE IHRE
MITARBEITER ERFOLGREICH

. . . . .

WENN IHNEN ERSTMALIG DIE Aufgabe zuteil wird, ein Mitarbeiterteam zu führen, werden Sie sich bestimmt fragen, welchen Führungsstil Sie bevorzugen sollen.

Möchten Sie direkt am Mitarbeiter sein und einen ganz persönlichen Führungsstil bevorzugen oder wollen Sie Aufgaben delegieren und das Team lieber als defensive Führungskraft ihr Team selbstständig agieren lassen.

Mit Ihrer emotionaler Intelligenz und den sozialen Kompetenzen sollten Sie auf einen persönlichen Führungsstil setzen, mit dem Sie Ihren Mitarbeitern durch die Wertschätzung der individuellen Fähigkeiten zum Ziel bringen können.

In jedem Fall muss Ihr gewählter Führungsstil leistungsorientiert sein und Sie mit Ihrer Abteilung Zielorientiert arbeiten können. Fragen Sie sich wann Sie bereits Erfahrung in der Führung von Menschen sammeln konnten.

Wenn Sie einmal in sich gehen und die bisherigen Erfahrungen reflektieren, werden Ihnen sicherlich Situationen aus dem beruflichen oder auch privaten Alltag in den Sinn kommen, bei denen

Sie bereits Menschen geführt haben. Konnten Sie in der Vergangenheit ein Team leiten oder waren Sie bei einer privaten Situation als Anführer einer Gruppe gewählt wurden? Jeder von uns hat irgendwann schon einmal Führungserfahrungen sammeln können.

Reflektieren Sie die Situation und überlegen Sie sich, wie Sie damals die Menschen aus Ihrem Team geführt haben. Waren Sie ein offensiver Führer oder haben Sie dem Team gleichberechtigt Entscheidungsgewalt überlassen?

Wie haben Sie diese frühere Situation empfunden?

Was war bei dieser Gelegenheit positiv und was haben Sie als negativ empfunden?

Wer sich eine solche Situation noch einmal in den Sinn holt, der kann für seine kommende Mitarbeiterführung bereits erste Ideen sammeln, die man dann in seinem weiteren Berufsleben aufgreifen kann.

Denken Sie im Hinblick auf Ihre neue Aufgabe auch unbedingt an Ihre eigenen Erfahrungen mit Ihren Vorgesetzten. Welche Erfahrungen haben Sie als Angestellter mit unterschiedlichen Führungspersonen machen können?

Konnten Sie vielleicht einige Rückschlüsse aus dem Verhalten Ihrer Vorgesetzten ziehen?

Was fanden Sie an dieser Führungslinie gut und was hat Ihnen nicht gut gefallen?

Vielleicht besteht die Möglichkeit, noch einmal mit diesen Vorgesetzten zu sprechen und einiges von deren Führungsstilen zu übernehmen.

Wir Menschen lernen vieles von dem Verhalten unserer Mitmenschen, nutzen Sie daher auch unbedingt die Möglichkeit, aus den Führungspersönlichkeiten von anderen Vorgesetzten zu lernen.

Wann fällt es Ihnen schwer, das Team ordentlich zu führen? Notieren Sie sich Situationen in denen Ihnen die Führung eines Teams keine Probleme bereitet, sowie auch Momente in denen Ihnen das Führen der Abteilung schwer fällt?

Als Beispiel:

Wenn Angestellte selbstständig an Ihren Aufgaben arbeiten, fällt es Ihnen leicht, das Team zu leiten.

Wenn ein wichtiges Projekt angestrebt werden soll, in denen die einzelnen Mitarbeiter gemeinsam agieren müssen, fällt es Ihnen schwer, dieses Team individuell zu motivieren. Überlegen Sie hier Führungsstrategien, mit denen Sie Ihrem Team einen Weg weisen können, der zum gewünschten Erfolg führt.

Wenn Sie auf solche, scheinbar schwierige, Situationen vorbereitet sind, werden Sie solche Hürden demnächst schnell bewältigen können.

Führung bedeutet nicht nur, Aufgaben an sein Team zu übergeben und diese von oben herab zu überwachen. Als emotional intelligenter Führer müssen Sie auch bereit sein, von den Fähigkeiten und individuellen Eigenschaften Ihrer Mitarbeiter lernen zu wollen.

Angestellte, die bereits viele Jahre in dem Unternehmen sind, verfügen vielleicht über ein enormes internes Wissen, dass Ihnen auch als Führungskraft zu Gute kommt. Deshalb seien Sie nicht erhaben über Ihrem Team, sondern finden Sie einen Weg, sich in das Team integrieren zu können und es auch einer gleichen Augenhöhe führen zu können und von den einzelnen Mitarbeitern inspirieren zu lassen.

Die ersten Tage als neue Führungskraft

Wenn Sie als neuer Chef in die Abteilung kommen, ist das für beide Seiten eine aufregende Situation.

Wichtig hierbei ist, dass Sie sich direkt und unmittelbar Ihrem neuen Team vorstellen und Ihnen ein Gefühl der Zusammengehörigkeit vermitteln.

1. Kommunizieren Sie offen Ihren Führungsstil und zeigen Sie Ihrem neuen Team, welche Erwartungen Sie an jeden einzelnen Mitarbeiter haben

Es ist nicht nur ein Akt der Höflichkeit, wenn Sie sich am ersten Tag Ihren neuen Untergebenen vorstellen. Die Ansprache bietet Ihnen auch erstmals einen Überblick über die Abteilung sowie die Möglichkeit, klar Ihre Erwartungen und Ziele kommunizieren zu können. Stellen Sie sich vor und geben Sie Ihren neuen Angestellten einen kleinen Überblick über Ihre bisherigen Erfahrungen im Berufsleben.

2. Mitarbeiter zum Gespräch bitten

Der wohl wichtigste Punkt, wenn Sie eine neue Abteilung als Führungskraft leiten sollen ist das kennenlernen der einzelnen Teammitgliedern.

Bitten Sie alle Angestellten zum Einzelgespräch um sich einen ersten Überblick über deren Fähigkeiten, Ambitionen, Stärken und Schwächen sowie über deren Persönlichkeitsmerkmale zu verschaffen.

Geben Sie dem einzelnen Mitarbeiter auch den Raum, seine Wünsche klar zu kommunizieren und erfahren Sie so, wie Sie den jeweiligen Mitarbeiter individuell fördern, und an das Unternehmen binden können.

3. Führungsstil klar kommunizieren

Wer bereits in den ersten Tagen einen wechselhaften Führungsstil präsentiert, kann keine Autorität über seine Mitarbeiter erlangen. Ziehen Sie zu Beginn eine klare Linie durch um sich einen ersten Überblick über den Alltag in dieser Abteilung verschaffen zu können.

Die individuellen Anforderungen an Sie und Ihre Mitarbeiter sucht sicherlich einen kreativen Führungsstil, aber erst ist es wichtig, Ihren Mitarbeitern einen deutlichen Weg zu kommunizieren, an dem sich der einzelne Angestellte orientieren kann.

4. Führungsphilosophie des Unternehmens aufgreifen

Während in manchen Unternehmen noch immer eine deutliche autoritäre Führung angestrebt wird, bei der der Angestellte die delegierten Aufgaben nach Vorgabe ausführt, praktizieren andere Firmen wiederum einen Führungsstil, der den Mitarbeiter gleichberechtigt mit der Führung agieren lässt.

Verschaffen Sie sich als neuer Mitarbeiter im Unternehmen einen Überblick über die Führungsphilosophie des Unternehmens und greifen Sie dieses auf.

Manche Führungsstile haben sich in Unternehmen beweisen können, während andere Stile nicht die gewünschte Wirkung erzielen konnten. Halten Sie an einem antrainierten Führungsstil fest, nehmen Sie aber Ihre persönlichen Skills mit ein um eine persönliche Note in den angestrebten Führungsstil legen zu können.

Welche Führungsstile gibt es eigentlich?

Grundsätzlich lassen sich Führungsstile in zwei wichtigen Unterscheidungen einteilen. Darunter gibt es noch zahlreiche Varianten der jeweiligen Stile, die ganz individuell ausgelegt werden können.

Der erste ist ein autoritärer Führungsstil, bei der die Angestellten allein die Aufgaben des leitenden Mitarbeiters übernehmen und keine Vollmacht oder Berechtigung zur alleinigen Entscheidung haben.

Der zweite Führungsstil ist ein kooperativer Führungsstil, der von Ihnen als leitender Mitarbeiter mit emotionaler Intelligenz bevorzugt werden muss. Hier versucht man mit dem Teamleiter auf einer Ebene zu stehen, agiert und entscheidet gemeinsam. Auch wird den Mitarbeitern ermöglicht, in einem angemessenen Rahmen selbstständig Entscheidung zu fällen und so einen Teil der Verantwortung selbst zu tragen.

Welche Ziele müssen Sie als Führungskraft mit emotionaler Stärke anstreben?

Das Ziel eines Unternehmens ist natürlich die Gewinnoptimierung. Als leitender Angestellter halten Sie Ihre Mitarbeiter dazu an, diese Ziele durch die eigenen Fähigkeiten und Leistungen erreichen zu können.

Zielorientiertes Arbeiten
Sie haben die Aufgabe, innerhalb Ihrer Abteilung für ein zielorientiertes Arbeiten zu sorgen und die gegebenen Kapazitäten Ihrer Mitarbeiter bestmöglichst auszuschöpfen.

Fluktation vermeiden

Ebenfalls sollten Sie als emotional geprägte Führungskraft versuchen, eine hohe Fluktatktion in Ihrer Abteilung zu vermeiden. Das Mitarbeiter den Arbeitsplatz wechseln oder ganz aus dem Unternehmen ausscheiden kommt immer wieder vor. Für das Unternehmen ist dies jedoch mit Kosten und Zeit verbunden. Das Zeit in der freien Marktwirtschaft enorm kostbar ist, wissen Sie natürlich als kompetente Führungskraft. Um Kosten für Stellenanzeigen und Zeit für Bewerbungsgespräche einsparen zu können, müssen Sie als Führer in Ihrer Abteilung dafür sorgen, dass Sie Ihr Team zusammenhalten. Durch eine positive Führung können Sie es schaffen, dass sich Ihre Angestellten in diesem Team wohl fühlen. So können Sie langfristig an das Unternehmen und an Ihre Abteilung gebunden werden. Dadurch vermeiden Sie Fluktationen, die nicht nur finanzielle Nachteile mit sich bringen.

Fluktaktion bedeutet auch, dass Ihr Team immer wieder von neuen Mitarbeitern frequentiert wird, dass die entstandene Lücke auffüllen muss. Die Einarbeitung der neuen Mitarbeiter ist ebenfalls zeitintensiv und stört den Flow der bereits involvierten Angestellten.

Wie können Sie denn vermeiden, dass Mitarbeiter Ihre Abteilung oder gar das Unternehmen verlassen?

Eine gute Mitarbeiterführung schafft es, Loyalität beim Angestellten hervorzurufen. Wer sich in seiner Abteilung, in seinem Team wohl fühlt, Herausforderungen gestellt bekommt, eigene Ideen verwirklichen kann und auch die Möglichkeit zur Entscheidungsfreiheit hat, der kann durch einen kooperativen Führungsstil gut an das Unternehmen gebunden werden.

Um eine Fluktaktion der Mitarbeiter zu verringern, im besten Falle gänzlich vermeiden zu können, müssen Sie es als Führungskraft mit emotionalen Fähigkeiten schaffen, die Angestellten an Ihre Abteilung, an das Unternehmen zu binden.

Dies kann durch unterschiedliche Möglichkeiten erreicht werden.

Dafür ist es wichtig, dass Sie die individuellen Bedürfnisse der jeweiligen Angestellten kennen. Nur so können Sie es ermöglichen, dass Sie den Mitarbeiter bei Ihrem Team halten.

Hören Sie bei einem Gespräch mit dem Mitarbeiter heraus, dass er sich finanzielle Zuwendung wünscht, so können Sie diesen Mitarbeiter weiterhin an die Firma binden, indem Sie ihm diesen Wunsch erfüllen. Dies muss nicht unbedingt bedeuten, dass er eine satte Gehaltserhöhung zugesprochen wird. Vielleicht können Sie sich mit dem Angestellten darauf einigen, dass ihm ein Firmenwagen oder ein Diensthandy zur Verfügung gestellt wird, damit er eigene Kosten gering halten kann und somit auch eine finanzielle Entlastung erfährt.

Die kalkulative Bindung sorgt schnell für eine enge Bindung an das Unternehmen und sorgt für motivierte Angestellte. Sie sehen in Mitarbeiterin XYZ großes Potential und erkennen auch, dass diese engagierte Mitarbeiterin auf der Karriereleiter aufsteigen will. Bieten Sie ihr die Chance, an Fortbildung teilzunehmen um die eigenen Fähigkeiten noch weiter ausbauen zu können.

Wer eine Perspektive sieht, der bleibt dem Unternehmen gerne treu und zeigt durch seinen Arbeitseifer, dass er ein wertvoller Mitarbeiter für das Unternehmen ist.

Wenn Sie hingegen die herausragenden Fähigkeiten der Mitarbeiterin ungenutzt lassen und ihr keine Möglichkeit geben wollen oder können, ihre Kompetenzen zu stärken und auszubauen, ernten Sie eine frustrierte und destruktive Arbeitskraft, die sich vielleicht schon bald nach einer neuen Herausforderung bei einer anderen Firma umsehen wird.

Eine andere Angestellte aus Ihrer Abteilung möchte das Unternehmen wechseln, weil Sie bei einer anderen Firma die Möglichkeit erhält, ihre Arbeitszeit flexibel zu gestalten. Als alleinerziehende

Mutter benötigt diese Mitarbeiterin dringend eine Zusage, dass Sie den schwierigen Spagat zwischen Arbeit und Familie bewältigen kann. Wenn Sie diese Mitarbeiterin an Ihr Unternehmen binden möchte, müssen Sie eine Lösung finden, die es der Angestellten ermöglicht, die Arbeitszeit mit den Betreuungszeiten der Kinder anzupassen.

Ob dies ein Modell der Teilzeitbeschäftigung sein kann, oder ob es die Möglichkeit gibt, einen Großteil der Arbeit im Home Office zu erledigen oder ob Sie die Chance haben, für berufstätige Eltern innerhalb des Unternehmens eine Kinderbetreuung anzubieten, liegt in Ihrer Macht.

Wer sich für seine Mitarbeiter einsetzt, der kann diese auch langfristig als gute Arbeitskraft gewinnen.

Als geschätzte Führungskraft ist es Ihnen möglich, jeden Mitarbeiter durch dessen individuelle Kompetenzen an die bestmögliche Leistung heranzuführen.

Erkennen Sie welche ungenutzten Fähigkeiten sich in Ihren Angestellten befinden und erwecken Sie diese Kompetenzen durch besondere Herausforderungen.

Wer sein Team fordert, der fördert nicht nur den Zusammenhalt innerhalb der Abteilung, sondern sorgt gleichzeitig auch dafür, dass diese Mitarbeiter stets motiviert und optimiert arbeiten können.

Durch das erreichen von gemeinsamen Zielen wird eine Verbundenheit zum Team geschaffen, man fühlt sich in die Gemeinschaft integriert und kann sich mit dem Unternehmen als Gruppe besser identifizieren.

Wenn es Ihnen möglich ist, belohnen Sie das Team nach dem erfolgreich bewältigten Projekt, nach der Marketingmaßnahme des neuen

Produkts, dass so gut beim Chef angekommen ist. Suchen Sie nach Wegen und Möglichkeiten Ihren Angestellten die Wertschätzung zu zeigen, die sie durch ihre Leistung erreicht haben.

Die Wertschätzung des eigenen Könnens ist ein großer Katalysator, der den Menschen zu weiteren Höchstleistungen antreiben kann. Der einzelne Mitarbeiter sieht was er bereits geleistet hat und möchte nun diese positive Energie nutzen um weitere Erfolge für sich und sein Unternehmen einfahren zu können.

Sorgen Sie für diese Hoch und halten Sie es durch den Erhalt der positiven Emotionen als konstanten Motivationsschub.

Transparenz schafft Klarheit

Als Führungskraft sind Sie meist auch ein Vermittler zwischen der obersten Führungsebene und Ihrem Team. In Ihrer Hand die die Entscheidung, ob und wie Sie Ihren Mitarbeitern von bevorstehenden Veränderungen innerhalb des Unternehmens kommunizieren. Auch in einem großen Unternehmen spricht sich schnell vieles herum. Wenn Sie merken, dass Aufgrund von Gerüchten Mitarbeiter Angst um Ihre Anstellung haben, sollten Sie klar zeigen, ob diese Angst berechtigt ist. Als Führungskraft müssen Sie Transparenz schaffen, indem Sie Ängste nicht schüren sondern Ihrem Team deutlich vermitteln, wie die Zukunft der Abteilung aussehen wird.

Dies bedeutet nicht, dass Sie als Führungskraft nicht immer in die Karten sehen lassen müssen, Sie sollten einfach nur dafür sorgen, dass die Produktivität in Ihrem Team nicht durch äußere Einflüsse maßgeblich gestört wird.

Auch Entscheidungen Ihrerseits müssen für den Angestellten klar kommuniziert werden. Besonders wenn Sie als Führungskraft neu in ein Unternehmen kommen und eine lange Geschäftsbeziehung aufkündigen, müssen Sie Ihren Mitarbeitern klar machen, wieso Sie in dieser Situation so gehandelt haben, wie Sie es eben getan haben.

Als Beispiel aus der Praxis

Sie sind der neue Geschäftsführer einer Filiale im Lebensmittelbereich. Aus der letzten Position kennen Sie die Einkaufspreise genau und wissen, wo Sie die besten Konditionen erhalten. An der neuen Arbeitsstelle wird man seit Jahren von Lieferant A beliefert. Sie kennen aber Lieferant B , der Ihnen günstigere Preise anbietet.

Sie kündigen die Geschäftsbeziehung mit A und ordern künftig bei B. Für Ihr Team, dass Sie noch nicht lange als Chef kennt, scheint die prompte Kündigung des langjährigen Lieferanten A ungewöhnlich.

Sie sollten Ihren Mitarbeitern nun klar kommunizieren, warum Sie plötzlich und vor allem ohne Absprache die Geschäftsbeziehung zu A gekündigt haben.

Auch wenn Sie neu in einem Unternehmen sind, brauchen Sie nicht unbedingt an alten Beziehungen festhalten, sondern müssen darauf schauen, dass Sie den Gewinn der eigenen Abteilung optimieren und zielorientiert arbeiten. Wenn Sie es schaffen, Ihre Tätigungen transparent zu gestalten, dann können Sie auch auf das Verständnis Ihres Teams bauen.

Sie zeigen Ihren Mitarbeitern so direkt, dass Sie im Sinne des Unternehmens gehandelt haben und nicht einfach Ihre Macht missbraucht haben um direkt zu Beginn Ihrer Tätigkeit eine langjährige Geschäftsbeziehung zu beenden.

Wie Sie von Ihren Mitarbeitern gesehen werden

Lange galt die Führungskraft als Autoritär, der man als untergebener Angestellter wortlos folgen musste. Längst sehen Unternehmen von einem solchen Machthaberischen Führungsstil aber ab und bieten ihren leitenden Angestellten die Möglichkeit, einen ganz individuellen und persönlich gestalteten Führungsstil zu übernehmen.

In der Chefetage zählt dabei nur die erbrachte Leistung.
Bevor Sie sich einem Führungsstil verschreiben, müssen Sie sich im Klaren sein, welche Werte Ihnen bei den einzelnen Mitarbeitern wichtig sind.

Wie viel Wert legen Sie auf Kreativität, sind flexible Arbeitszeiten möglich oder dürfen Ihre Angestellten auch mal selbst Entscheidungen treffen?

Bleiben Sie aber immer bei diesen Werten und ändern Sie nicht dauernd die Meinung um von Ihren Mitarbeitern als kompetente Führungskraft angesehen zu werden. Wer immer wieder seine Meinung ändert und für seine wechselhaften Ideen bekannt ist, der kann auch als leitender Angestellter nicht ernst genommen werden.

Prinzipien sind auf der Führungsebene von hoher Bedeutung.

Wer sich seinen Mitarbeitern immer fair und ehrlich gibt, der wird schnell als eine kompetente Führungskraft akzeptiert. Behandeln Sie den Menschen immer fair und üben Sie aus Ihrer oberen Position keine Macht aus. Bei einen sensiblen Mitarbeiter kann ein autoritäres Machtgehabe Ängste auslösen.

Als Beispiel:
Führungskraft B. stellt seine Macht innerhalb der Abteilung gern zur Schau. Wer nicht effizient arbeitet, der bekommt niedere Aufgaben zugeteilt und muss von den Kollegen auch noch Spott und Hohn über sich ergehen lassen.

Der Mitarbeiter H. fürchtet jeden Tag, dass er das Opfer der mächtigen Führungskraft wird und kommt somit schon mit negativen

Emotionen morgens in das Büro.

Hier versucht er nach Kräften seine angefallenen Aufgaben rechtzeitig zu bewältigen, ohne das dem Chef das langsame Arbeitstempo auffällt. Zwar wird Mitarbeiter H. rechtzeitig mit den ihm zugewiesenen Aufgaben fertig, durch die große Angst vor seinem leitenden Angestellten kann er jedoch seine Fähigkeiten und sein Arbeitspensum gar nicht voll ausschöpfen. Die Angst lähmt diesen Mitarbeiter in jeglicher Hinsicht.

Erst als die Führungskraft B. in den Ruhestand versetzt wird und Herr H. eine emotional intelligente Führungskraft zugewiesen bekommt, der dessen Potential erkennt und fördert, kann Mitarbeiter H. seine Kompetenzen endlich unter Beweis stellen und über sich hinaus wachsen.

Seine Mitarbeiter erfolgreich zu führen bedeutet nicht, dass diese ständig die Macht spüren, die Sie durch Ihre Position inne haben. Sie sollten Ihre Aufgabe als Führungskraft viel mehr darin sehen, dass es Ihnen obliegt, die Angestellten an ihre Aufgaben heranzuführen, sie zu leiten und in ihren individuellen Fähigkeiten zu unterstützen.

Um Ihre Mitarbeiter zu bester Leistung anzuspornen hilft es nicht, wenn Sie ihnen mit Sanktionen drohen oder die ganze Abteilung gar bestrafen.

Zeigen Sie durch die Belohnung des Teams jedoch, dass Sie die erbrachten Leistungen anerkennen und jeden einzelnen Mitarbeiter aus dem Team wert schätzen.

Verbindung nach Oben

Als Führungskraft werden Sie von Ihren Mitarbeitern als einen einflussreichen Chef interpretiert, der beste Verbindungen in die oberste Führungsetage vorweisen kann und somit auch hilfreich für seinen Angestellten sein kann. Unterstützen Sie Angestellte mit großem Potential und bieten Sie diesen die Möglichkeit, sich nach oben arbeiten zu können.

Sie kennen Ihre Angestellten als Führungskraft am Besten und wissen wer das Potential hat, es bis ganz nach oben zu schaffen. Wenn ein Mitglied aus Ihrem Team es wagen will, auf der Karriereleiter nach oben zu klettern, so sollten Sie ihr oder ihm die Möglichkeit bieten, diesen Schritt auch machen zu können.

Sprechen Sie herausragende Leistungen bei Ihrem Vorgesetzen an und geben Sie der Angestellten die Chance sich auf der nächsten Ebene beweisen zu können.

Sie können als leitender Angestellter das wichtige Verbindungsmitglied zwischen Ihrem Vorgesetzten und den einzelnen Mitarbeitern sein und ihnen so helfen, beruflich weiterzukommen.

Ihre Mitarbeiter werden es sehr schätzen, wenn Sie Ihnen behilflich sind, auf der Karriereleiter weiter nach oben zu kommen.

Fördern Sie dieses Mitglied und fordern Sie bis zum Aufstieg motivierte Mitarbeit.

Welche Anforderungen haben Mitarbeiter eines Teams an eine Führungskraft?

Um die Leistungen in Unternehmen optimieren zu können, wurden häufig Mitarbeiter nach ihrer Perspektive gefragt. Wer die Ergebnisse aus diesen Umfragen kennt, der kann seine eigenen Leistungen als emotional intelligente Führungskraft ausbauen und so zu einem geschätzten leitenden Mitarbeiter werden.

1. Zuhören

Die Kommunikation untereinander wird immer wieder als großer Faktor in einem fairen Miteinander dargestellt. Dabei ist es geführten Mitarbeitern besonders wichtig, dass die Führungskraft bereit ist, offen und ehrlich mit den Mitarbeitern zu kommunizieren.

Zeigen Sie ehrliches Interesse wenn ein Mitglied Ihres Teams mit einem Anliegen in Ihr Büro kommt. Nehmen Sie sich die Zeit, um sich die Probleme des Angestellten anzuhören und zeigen Sie aufrichtig, dass Sie seine Schwierigkeiten ernst nehmen.

Ganz gleich ob er mit einem beruflichen Problem zu Ihnen kommt, oder Sie in einer privaten Angelegenheit anspricht, es ist allen Mitarbeitern wichtig, dass Sie als Führungskraft deren Probleme nicht einfach abtun, sondern dass Sie sich wirklich mit dem Anliegen Ihres Mitarbeiters befassen. Wenn Sie es schaffen, bei Ihren Angestellten ein positives Gefühl herzustellen und die Mitarbeiter Ihre Meinung schätzen, können Sie sich der Verbundenheit zu ihrer Führungskraft, aber auch zum Unternehmen sicher sein.

Tipp für die Praxis:
Geben Sie Ihren Angestellten die Möglichkeit, sich immer mit Problemen aus dem Arbeitsleben oder aus dem privaten Bereich bei Ihnen melden zu können. Haben Sie einige Mitarbeiter im Team, die sich vielleicht nicht trauen, mit einem Anliegen in Ihr Büro zu kommen? Gehen Sie routinemäßig immer wieder eine Runde durch die eigene Abteilung. Sprechen Sie jeden Mitarbeiter zwanglos an. Fragen Sie Ihn nach der gerade vorliegenden Tätigkeit, vielleicht lassen Sie im Smalltalk ein paar Fragen zur familiären Situation einfließen. Dies zeigt, dass Sie Ihre Mitarbeiter kennen und sich für Ihr Leben interessieren. (Als Beispiel: Ach, Herr XY, wie war denn das Schulfest Ihrer Tochter am Wochenende?).

Geben Sie den Angestellten an deren Arbeitsort die Möglichkeit, kurz mit Ihnen über die Bedürfnisse zu sprechen. Vielen Menschen fällt es einfacher, in einer ungezwungenen Atmosphäre ihr Anliegen vorzubringen („Ach, Herr XY, da fällt mir noch ein....").

Mitarbeitergespräche werden in jedem Unternehmen meist nur jährlich, höchstens halbjährlich geführt. Dies ist jedoch viel zu wenig um eine enge Verbindung zu den Angestellten herstellen zu können. Um die beste Leistung erl angen zu können, müssen Sie als empathische Führungskraft ganz nah am Mitarbeiter und seinen Bedürfnissen dran sein, damit dieser sich und seine Fähigkeiten voll entfalten kann.

2. Leistungen anerkennen

Der Mensch wünscht sich Anerkennung für das was er geschaffen hat. Das ist besonders in unserem Arbeitsumfeld von großer Bedeutung, wenn Sie eine konstant gute Leistung Ihrer Mitarbeiter wünschen. Wenn die Bemühung und die Leistung des einzelnen Mitarbeiters nicht anerkannt wird, fällt die Arbeitsleistung rapide ab.

Kontaktieren Sie den Menschen auf Augenhöhe und geben Sie ein ehrliches Feedback zu der erbrachten Leistung. Auch wenn es so simpel klingt, ein ehrlich gemeintes „Danke" ist auch heute in der Arbeitswelt ein gutes Mittel um seine Wertschätzung für die Leistung seiner Mitarbeiter offen verbal zu zeigen.

3. Zeigen Sie Interesse an Ihrem Gegenüber

Während manche Menschen uns direkt sympathisch sind, würden wir uns im privaten Umfeld eher nicht mit einigen Kollegen treffen wollen. Auch als Führungskraft haben Sie sicherlich einige Angestellte, die Ihnen sympathischer sind als andere Mitarbeiter. Als Führungskraft, dass auf ein leistungsfähiges Team setzen will und muss, müssen Sie aber alle Mitglieder Ihrer Abteilung gleichmäßig behandeln, fordern und fördern.

Zeigen Sie auch den Mitarbeitern, die privat nicht Ihren Interessen entsprechen würden die wichtige und nötige Anerkennung für die erbrachte Leistung.

Als emotional intelligente Führungskraft können Sie klar zwischen privaten Sympathien und beruflichen Möglichkeiten unterscheiden und alle Angestellten gleich fair behandeln.

Um Ihr ehrliches Interesse an dem Kollegen zeigen zu können, ist es wichtig, dass Sie die Individualität des Mitarbeiters anerkennen. Nutzen Sie bei Bewertungen der geleisteten Arbeit keine Floskeln, sondern zeigen Sie ehrliches Interesse an den Ideen und der Arbeit.

Nehmen Sie den Mitarbeiter als Individuum wahr und wertschätzen Sie die ganz persönlichen Fähigkeiten, mit denen der Mitarbeiter sich perfekt in das Team integrieren kann.

4. Zeigen Sie Fehler und Schwächen und gestehen Sie sich diese ein

Ihre Mitarbeiter nehmen Sie zwar als Führungsmitarbeiter an und akzeptieren diese Position, aber das Team weiß auch, dass Sie ebenfalls ein Mensch sind, der Fehler und Schwächen hat.

Umso menschlicher werden Sie für Ihre Mitarbeiter, wenn Sie empathisch bleiben können und auch die eigenen Schwächen akzeptieren können.

Bleiben Sie authentisch und fragen Sie auch mal ein kompetentes Mitglieds des Teams um Rat oder seine Meinung. Es ist keine Schwäche, sondern zeugt von Größe, wenn Sie auf Ihre Mitarbeiter zukommen und diese mal um Hilfe bitten. Ebenso ist es wichtig, sich den Fehler einzugestehen und sich auch entschuldigen zu können. Sie dürfen auch als Chef einmal Fehler machen und zeigen dass auch Sie ein Mensch sind, der nicht über allen Dingen steht oder alles beantworten kann.

Sich ehrlich zeigen und aufrichtig um Entschuldigung bitten, wenn Sie sich Ihren Angestellten falsch verhalten haben oder wenn mal etwas nicht wie geplant gelaufen ist, zeugt von menschlicher Größe.

5. Konkretes Feedback

Ihre Mitarbeiter möchten genau wissen, wo Sie als Führungskraft deren Fähigkeiten sehen oder wo Sie denken, dass eine Verbesserung nötig wäre. Es muss nicht immer nur Lob oder Tadel sein, der die Menschen zu mehr Leistung antreiben kann. Auch ein kurzes Feedback zwischendurch kann hilfreich sein, um den Mitarbeiter darauf aufmerksam zu machen, wo Möglichkeiten der Verbesserung anzustreben sind.

Ein regelmäßiges Feedback muss nicht immer nur in einem Mitarbeitergespräch kommuniziert werden. Es kann auch die Motivation der Angestellten antreiben, wenn Sie kurz im Vorbeigehen von den Eindrücken erzählen, wie die Leistung am jeweiligen Tag war.

Es ist allen Menschen wichtig, zu wissen, welchen Stellenwert das eigene Dasein hat. Nutzen Sie als empathische Führungskraft die tägliche Kommunikation mit den Mitgliedern Ihres Teams um Ihnen immer wieder aufzeigen zu können, was sie gut oder eben nicht so gut gemacht haben. Bitte achten Sie bei Kritik immer darauf, dass Sie gut verpackt ist und nicht vor weiteren Angestellten kommuniziert wird.

Um das Ganze noch einmal zum Abschluss des umfangreichen Themas „Emotionale Intelligenz und die erfolgreiche Führung Ihrer Mitarbeiter" zu veranschaulichen, erhalten Sie hier nun noch einmal in übersichtlicher Form die zehn schlimmsten Fehler, die Sie in einer Führungsposition machen können:

1. Entscheidungen nicht treffen wollen

In einer Führungsposition müssen Sie jeden Tag zahlreiche Entscheidungen treffen. Vielen Führungskräften fällt es aber schwer, schnell eine klare Meinung zu entwickeln und daraufhin eine Entscheidung zu fällen.

Sie müssen in Ihrer Anstellung als leitender Mitarbeiter lernen, auch wichtige Entscheidungen zeitnah und eindeutig fällen zu können. hier gehört auch hinzu, dass Sie eine Entscheidung auch dann fällen können, wenn Ihnen noch nicht alle wichtigen Informationen rund um die Entscheidung zur Verfügung stehen. Zeit ist Geld und wer viel Zeit verliert, der wird für das Unternehmen zu teuer.

Um Entscheidungen treffen zu können, ist es auch immer wichtig, dass Sie bereit sind, ein Risiko einzugehen. Sicherlich wird nicht immer jede Ihrer Entscheidungen die Richtige sein. Ob Ihre schnelle Entscheidung von Vorteil ist oder ob sich daraus im Nachhinein Nachteile für Ihre Abteilung ergeben, zeigt sich oft erst nach einiger Zeit. Dank Ihrer emotionalen Kompetenzen können Sie aber die eigene Entscheidung hinnehmen und diese auch offen kommunizieren.

2. Viele Führungskräfte wollen gerne unverbindlich bleiben

Seine Mitarbeiter zu lange hinhalten, sich unterschiedliche Optionen offen halten und den bequemsten Weg ohne Widerstand gehen wollen. Viele leitende Angestellte wollen gerne unverbindlich bleiben und sich auf eigene Aussagen nicht festnageln lassen.

Genau dies stört aber die Leistung Ihres Teams enorm, denn wer keine klaren Aussagen gibt, der kann auch kein klares Ziel definieren. Schwammige und missverständliche Ausdrücke sorgen bei Ihren Mitarbeitern nur für Verwirrungen und stören den Arbeitsfluss.

Werden Sie authentisch, machen Sie nicht den Fehler und versuchen unverbindlich bleiben zu wollen, sondern kommunizieren Sie Ihre Wünsche und Vorstellungen sowie natürlich das zu erreichende Arbeitsziel so, dass es für jeden Mitarbeiter unmissverständlich und klar ist.

3. Nicht zuhören

Und wieder kommen wir auf die wichtige Kommunikation zu Sprechen. Führungskräfte, die sprichwörtlich nur mit einem halben Ohr zuhören wenn Mitarbeiter mit einem Anliegen zu Ihnen kommen, verlieren schnell die Kontrolle über die Abteilung, denn Sie können den individuellen Anforderungen Ihrer Angestellten schon bald nicht mehr gerecht werden.

Wer immer vorgibt, keine Zeit für die Belange seiner Mitarbeiter zu haben, der kann von diesen auch nicht erwarten, dass Sie all ihre wertvollen Ressourcen für das Unternehmen aufbringen.

Zahlreiche Missverständnisse und die daraus folgenden Probleme könnten einfach durch richtiges Zuhören aus der Welt geschafft werden. Als Führungskraft müssen Sie sich die Zeit nehmen und ihre volle Aufmerksamkeit dem Mitarbeiter und seinen Problemen widmen.

Wenn Sie gerade in dem Moment keine Zeit haben, bitten Sie Ihren Mitarbeiter in einem freundlichen Ton um Verständnis und machen Sie mit ihm einen Zeitpunkt aus, an dem Sie sich ihm voll und ganz widmen können.

Nur so kann sich das Individuum verstanden und angenommen fühlen.

4. Demotivierendes Verhalten

Führungskräfte die ihren Angestellten immer nur das Gefühl geben, gerade einmal so die gestellte Aufgabe geschafft zu haben , demotivieren Ihr Team enorm.

Noch immer gibt es Führungskräfte, die sich als eine Art Dompteur sehen und dem Team Aufgaben delegieren um diese dann streng zu überwachen.

Menschen, die unter andauernder Beobachtung stehen, können ihre Fähigkeiten jedoch nicht entfalten wenn Sie das Gefühl haben, unter einer Art Überwachung zu stehen. Demotivierende Führungskräfte möchten immer detaillierte Berichte über die erledigten Aufgaben bekommen, zeigen in Ihrer Art klar, dass Sie sich den einzelnen Mitarbeitern übergeordnet fühlen und lassen diese bei der Ausarbeitung der Ziele keinerlei Freiräume.

Solche Führungskräfte sorgen mit diesem Verhalten nicht nur, dass sie meinen, sie wären qualifizierter und besser als die eigenen Angestellten, sondern Sie verhindern mit dieser Eigenart auch, dass die Mitarbeiter kreative Vorschläge unterbreiten und so das Ziel besser und schneller erreichen können.

5. Führungskräfte die sich übergeordnet darstellen

Stets das Handy am Ohr, mit dem Tablett in der Kantine und den wichtigen Aktenordner unter dem Arm. Die Führungskraft hat es nicht immer leicht. Sicher meinen dies einige leitende Angestellte von sich selbst, denn mit einem solchen Verhalten wollen Sie nicht nur zeigen wie wertvoll sie scheinbar für das Unternehmen sind und welche Leistung Sie durch Ihren Einsatz an den Tag legen können. Sie zeigen damit auch, dass Sie sich für etwas Besseres halten. Wer sich selbst für zu wichtig nimmt, der kommuniziert seinem Team sogleich, dass es keine so wichtige Rolle in der Abteilung einnimmt.

Auch als Führungskraft sollten Sie sich als einen Teil des Teams sehen und dies auch in Ihrem Verhalten deutlich machen.

6. Unfaires Verhalten

Jeder Mitarbeiter kann mal einen Fehler machen, aber ihn direkt vor der versammelten Mannschaft nieder machen zeugt nicht von einem professionellen Verhalten in der Führungsposition.

Eine emotional intelligente Führungskraft achtet stets auf einen fairen Umgang mit seinen Mitarbeitern und legt auch sehr viel Wertz auf einen ebensolchen Umgang der Kollegen untereinander.

Dazu gehört auch, dass man sich an Absprachen hält und diese nicht für unwirksam erklärt, wenn es sich für eine Person doch nicht als rentabel darstellt.

Besonders in der Gehaltsabsprache kann es immer wieder zu einem Verhalten kommen, dass für den einen oder anderen unfair ausgehen kann.

Als Führungskraft sollten Sie sich von Zeit zu Zeit überlegen, ob Sie fair handeln und vor allem ob Sie Ihre Angestellten auch fair bezahlen und das Entgelt für die erbrachte Leistung noch in Ordnung ist.

Mitarbeiter die sich stets fair behandelt fühlen, sind auch bereit, mehr für das Unternehmen zu tun als der Angestellte, der mit seinem Gehalt unzufrieden ist und daher auch nicht bereit ist, mehr Leistung zu erbringen.

7. Führungskräfte die nicht zu ihrem Wort stehen

Als Führungskraft sollten Sie stets authentisch und glaubwürdig bleiben. Wer immer wieder neue Absprachen trifft und diese nicht einhalten kann, der kann in seinen Mitarbeitern kein Vertrauen heranreifen lassen. Sie müssen sich, genau wie die Angestellten auch, an Absprachen halten.

Wenn Sie einem Mitarbeiter versprechen, dass Sie ihm die E-Mail mit den wichtigen Informationen rund um das bevorstehende Projekt noch vor der Mittagspause zusenden werden, dann vergessen Sie diese Absprache bitte auch nicht und sorgen Sie dafür, dass der Mitarbeiter die Informationen zur rechten Zeit erhält, damit er damit weiterarbeiten kann. Wer sich nicht an getroffene Absprachen hält, der stört den Flow und sorgt immer wieder dafür, dass sich der Mitarbeiter mit immer wieder neuen Dingen beschäftigen muss, nämlich mit der Erinnerung an die Absprache, oder mit der Bitte um die Zusendung der wichtigen Informationen.

8. Nur harte Fakten zählen

Besonders in der höheren Hierarchie merkt man immer wieder, dass Fakten und Zahlen den Alltag der Führungskräfte bestimmen. Wer aber als leitender Angestellter nur Zahlen und Fakten im Kopf hat, vergisst schnell, dass er auch mit echten Menschen in seiner Abteilung zu tun hat.

Lassen Sie die Bilanz auch mal einen tag liegen wenn Sie merken, dass es in Ihrer Abteilung zwischenmenschliche Probleme gibt oder verschieben Sie das Meeting wenn Ihr Team Hilfestellung bei einer wichtigen Aufgabe hat. So zeigen Sie, dass Sie nicht nur harte Fakten im Kopf haben, sondern auch wem Sie die Erkenntnis zu Zahlen und Fakten zu verdanken haben.

9. Fehler nicht zugeben wollen

Als Führungskraft mit emotionalen Kompetenzen wissen Sie, dass Sie im Büroalltag auch Mensch sein dürfen. Auch als Führungskraft erwartet niemand Ihrer Mitarbeiter von Ihnen übermenschliche Möglichkeiten.

Seien Sie offen und ehrlich und lachen Sie auch mal über einen Fehler ihrerseits. Wichtig ist hierbei immer, dass Sie sich den Fehler selbst eingestehen können und bereit sind, diesen Anlass als Grund zum lernen anzusehen.

10. Die Entwicklung der Mitarbeiter nicht fördern

Menschen wollen gefordert und gefördert werden. Als Führungskraft müssen Sie diese individuellen Stärken erkennen und herausfinden, wie Sie den einzelnen Mitarbeiter bei der Weiterentwicklung seiner Skills behilflich sein können.

Manche leitenden Angestellten kommt es jedoch gar nicht in den Sinn, die individuellen Fähigkeiten der Mitarbeiter zu fördern. Sicher sind Schulungen und Fortbildungsmaßnahmen ein enormer Kosten - und Zeitfaktor, immerhin muss die Fördermaßnahme bezahlt werden und eventuell eine Kraft von Außerhalb geholt werden um die Lücke im Büro vorübergehend neu besetzen zu können.

Oder aber die Führungskraft fürchtet, dass sich der Mitarbeiter nach der Qualifizierung oder Weiterbildung nach einer neuen Herausforderung in einem anderen Unternehmen umsehen wird und das daraufhin das Team verlässt.

Egal welche Motivation dahinter steckt, die individuellen Leistungen des Mitarbeiters nicht fördern zu wollen, es ist ein großer Fehler der Führungskraft, dem Angestellten dies nicht zu ermöglichen.

Besondere Situation und wie Sie damit als Führungskraft umgehen können

Sie meistern den Büroalltag als Führungskraft mit emotionaler Intelligenz gut und haben eine faire Arbeitsatmosphäre in Ihrer Abteilung schaffen können.

Dennoch kann es immer wieder vorkommen, dass unerwartete Situation das Betriebsklima stören. Wie Sie darauf als emotional geprägte Führungskraft reagieren müssen und wie Sie es dann schaffen, erneut ein harmonisches Team zu führen, zeigen die nächsten Beispiele:

Liebe am Arbeitsplatz

Am Arbeitsplatz verbringt man die meiste Zeit des Tages und lebt intensiv und eng mit den Kollegen zusammen. Nicht selten kommt es vor, dass sich bei Kollegen während der intensiven Arbeit liebevolle Gefühle entwickeln.

Wird die Turtelei jedoch offen im Büro ausgetragen, kann dies bei den Kollegen oft zu Missstimmungen führen. Wie sollen und müssen Sie als Führungskraft mit der Liebe Ihrer Angestellten umgehen, damit das Betriebsklima nicht durch die großen Gefühle der beiden Liebenden gestört wird?

So agieren Sie richtig:
Sobald Ihnen auffällt, dass zwischen Ihren Mitarbeitern mehr als nur kollegiale Emotionen herrschen, sollten Sie die beiden Turteltauben zum gemeinsamen Mitarbeitergespräch bitten.

Kommunizieren Sie klar, dass Ihnen aufgefallen ist, dass sich das Verhalten der beiden Angestellten zueinander verändert hat.

Geben Sie den Beiden die Möglichkeit, sich klar zu diesem Thema zu äußern.

Als Führungskraft müssen Sie das frisch verliebte Paar darauf aufmerksam machen, dass eine Liebe im Büro für die gesamte Abteilung negative Folgen haben kann.

Sicherlich ist die Liebe sprichwörtlich das höchste der Gefühle und kann einen Menschen zu enormen Leistungen antreiben, jedoch muss den beiden Mitarbeitern auch klar gemacht werden, dass das öffentliche Turteln nur die Atmosphäre und die laufenden Arbeitsprozesse innerhalb des Teams stören kann.

Klären Sie mit Ihren Teammitgliedern, dass große Emotionen der beginnenden Partnerschaft und öffentliche Zärtlichkeiten am Arbeitsplatz keinen Raum haben.

Gemeinsam können und sollten Sie mit Ihren Angestellten Strategien entwickeln, mit denen das professionelle Verhalten am Arbeitsplatz weiterhin durchgeführt werden können, auch wenn sich zwischen den beiden Mitarbeitern privat einiges geändert hat.

Schenken Sie Ihren Mitarbeitern Vertrauen und geben Sie ihnen die Möglichkeit, ihre Professionalität zu beweisen, indem Sie zunächst wie gewohnt weiterarbeiten lassen.

Was ist zu tun, wenn sich die beiden Mitarbeiter nicht an diese Absprachen halten?

Die Liebe ist ein starkes Gefühl, das sprichwörtlich alle normalen Gedankengänge ausschalten könnte. Haben Ihre verliebten Mitarbeiter sich nicht an die gemeinsam getroffenen Absprachen gehalten, haben Ihre Arbeitsplätze vielleicht getauscht, damit sie nah beieinander sitzen und munkeln können? Dies stört natürlich den Arbeitseifer der anderen Mitarbeiter und kann so nicht geduldet werden.

Als Führungskraft liegt es jetzt an Ihnen, dem Treiben ein Ende zu setzen und die Liebelei der Mitarbeiter völlig aus dem Büroalltag zu verbannen.

Wenn es Ihre Angestellten nicht schaffen, die großen Gefühle aus dem beruflichen Alltag Außen vor zu lassen, suchen Sie erneut das Gespräch mit den beiden Betroffenen. Sprechen Sie die Angestellten auf das unkollegiale Verhalten an und kommunizieren Sie klar Ihre Enttäuschung über die Nichteinhaltung der vereinbarten Verhaltensweisen.

Versuchen Sie jedoch als Zeichen guten Willens, alle Interessen der einzelnen Parteien zu wahren. Sie wollen Ihrem Team ein möglichst gutes Arbeitsumfeld schaffen, in dem das Team zielorientiert arbeiten kann, Ihre Angestellten möchten ungestört Leistung erbringen und das neue Paar muss lernen, die Liebe im Privaten zu lassen.

Wenn es Ihren Mitarbeitern nicht gelingt, die Emotionen aus dem Berufsleben in den privaten Alltag zu verbannen, müssen Sie klar kommunizieren, dass eine Versetzung eines der Angestellten für Sie die beste Lösung wäre.

Wie soll ich mich richtig verhalten, wenn ich als Führungskraft selbst in einen Mitarbeiter verliebt bin?
Sie verbringen sehr viel Zeit mit Ihren Angestellten und haben an einer Kollegin oder an einem Mitarbeiter Gefallen gefunden?

Die Liebe nimmt oft merkwürdige Wege, vor denen auch eine Führungskraft nicht immer verschont bleibt. Besonders wenn Sie als emotional intelligenter Mensch großen Wert auf die Gefühlswelt Ihrer Mitarbeiter legen, kann es oft sein, dass Sie die besonderen Empathie zu einem Teammitglied entwickeln.

Aber wie sollen Sie sich als leitender Angestellter richtig verhalten wenn Amors Pfeil Sie erwischt hat? Eine Liebe auf unterschiedlichen hierarchischen Ebenen kann für alle Betroffenen sehr schwierig sein. Besonders wenn Sie als Führungskraft erstmal erkennen, dass Sie besondere Gefühle für einen Mitarbeitern entwickelt haben, kann es oft zu Problemen führen, denn eine verliebte Führungskraft kann durch das Gefühlschaos schnell an Professionalität verlieren.

Dies wiederum kann dazu führen, dass Sie den Respekt Ihrer Mitarbeiter verlieren und ebenso Authentizität einbüßen müssen.

Im besten Falle vergessen Sie diese Liebelei wieder. Obwohl jedes Dritte Paar sich auf der Arbeit kennengelernt hat, kann eine emotionale Gefühlsentwicklung zwischen Vorgesetzten und Angestellten zu einer komplizierten Situation werden.

Wie also verhalten wenn die Führungskraft verliebt ist?
Wenn Sie sich als Führungskraft in eine/n Angestellte/n verguckt haben, müssen Sie diese Situation äußerst diskret behandeln.

Wenn Sie sich im Klaren darüber sind, dass diese Gefühle wirklich ernst sind und kein kurzweiliges Interesse, dann müssen Sie klare Fronten schaffen.

Dies kann nur geschehen, wenn Sie folgende Dinge beachten:

1. Niemals Druck ausüben

Für den Angebeteten oder die Angebetete kann es sehr unangenehm sein, wenn er/sie mitbekommt, dass der Vorgesetzte Gefühle entwickelt hat.

Ganz gleich ob bei Ihrem Schwarm auch Interesse an einer nicht-beruflichen Beziehung besteht, Sie dürfen von oben herab niemals Drück ausüben. Als Mitarbeiter, der die Verehrung des Vorgesetzten spürt, kann es zu einem starken Konflikt kommen:

Wie wird sich meine berufliche Karriere entwickeln wenn ich

A. mit meinem Vorgesetzten anbändele
oder
B. wenn ich die Avancen meines Vorgesetzten nicht annehme?
Der Mitarbeiter wird hier in eine emotionale Zwickmühle gebracht.
Einerseits hat er Angst, den Job zu verlieren, wenn er auf die Flirt-
versuche des leitenden Angestellten nicht eingeht. Andererseits
könnte sich das anbändeln mit dem Chef vielleicht positiv auf die
Entwicklung der Karriere ausüben. Sie dürfen als Führungskraft
diese Situation niemals für Ihre eigenen Zwecke missbrauchen.

Auch sollten Sie den sympathisierten Mitarbeiter nicht täglich nach
Dienstschluss zum Gespräch in Ihr Büro rufen und dort Flirtver-
suche starten. Auch ein scheinbar geschäftliches Abendessen, dass
sich als Rendevouz bei Kerzenlicht entpuppt, zeugt nicht von einem
professionellen Verhalten. Versuchen Sie im beruflichen Alltag
seriös und professionell zu geben.

2. Auch Machtspiele sind hier nicht von Vorteil

Ein Beispiel, dass leider immer noch im deutschen Büro allgegen-
wertig ist:

„Frau XY, wenn Sie mal mit mir ins Kino gehen, können wir uns
gerne über eine Gehaltserhöhung unterhalten."
Als Mitarbeiter in der Führungsebene dürfen Sie solche Machtspiele
niemals bei Ihren Angestellten ausüben.

Wenn Sie wissen, dass ein Mitarbeiter etwas anstrebt, sei es eine
Gehaltserhöhung, eine Anstellung in Teilzeit um die Betreuung
der Kinder gewährleisten zu können oder auch eine Beförderung,
dürfen Sie niemals Ihre Macht als Führungskraft ausüben, um Ihren
persönlichen Willen zu bekommen.

Ebenfalls an der Tagesordnung in deutschen Büros sind sexuelle Gefälligkeiten, die nicht nur selbstverständlich ein Tabu sein sollten, sondern auch einen Straftatbestand darstellen.

Eine Machtausübung ist ein eindeutiger Beweis für den Missbrauch der Autorität und darf in keinem Fall geduldet werden.

Bringen Sie trotz aller amourösen Gefühle Ihren Mitarbeiter nicht in eine unangenehme Lage und verkneifen Sie sich als gute Führungspersönlichkeit die Ausübung von Druck in jeglicher Art sowie das Darstellen der übergeordneten Situation durch Machtspiele.

In fast allen Fällen ist der Mitarbeiter am Ende gezwungen, dieser unangenehmen Situation zu entgehen und die Abteilung, manchmal auch gar das Unternehmen zu verlassen.
So verlieren Sie durch Ihre eigene Schuld eine fähige Arbeitskraft.

Mobbing

Immer häufiger wird der Arbeitsalltag durch Mobbing gestört. Wenn Mitarbeiter auf einen Einzelnen los gehen und diesen Menschen verbal oder gar körperlich angreifen, stört dies nicht nur die Leistung des gesamten Teams, sondern sorgt für enorme psychische und physische Probleme.

Der Psychoterror am Arbeitsplatz fordert an Deutschen Arbeitsplätzen immer mehr Fehlzeiten von Angestellten, die dem enormen Druck und dem Terror der Kollegen nicht mehr Standhalten können.

Sie als Führungskraft müssen dafür Sorge tragen, dass in Ihrem Büro kein Terror unter den Mitarbeitern entsteht. Im besten Fall gelingt es der Führungskraft durch Prävention Mobbing schon zu verhindern, bevor der Psychoterror überhaupt entstehen kann.

Als Führungskraft dürfen Sie keinesfalls wegsehen, wenn Mitarbeiter von ihren Kollegen schikaniert werden. Auch dürfen Sie natürlich nicht der Initiator dieser Hetzjagd sein, die dann in Mobbing gipfelt. Sie fragen sich, warum Sie der erste Schritt auf der Suche nach einem Mobbingopfer sein könnten?

Diese Beispiele aus dem Büroalltag zeigen auf, wie schnell ein Mitarbeiter aus dem Team in die Opferrolle gedrängt werden kann. Sehr oft sogar unbewusst:

Beispiele aus der Praxis:
Mitarbeiterin A zeigt ihr Engagement immer wieder durch auffallend gute Leistungen und erhält daraufhin eine Gehaltserhöhung.

Vor versammelter Mannschaft loben Sie als Führungskraft diese Leistungen und die Einsatzbereitschaft der Mitarbeiterin. Nebenbei lassen Sie zufällig einen Satz fallen, der sich auf die Gehaltserhöhung bezieht.

Die anderen Mitglieder Ihres Teams sind über die Belobung der Kollegin weniger erfreut, immerhin haben sie sich auch angestrengt, erhalten in Zukunft aber kein höheres Gehalt.
Mitarbeiterin A wird nach dieser Ansprache der Führungskraft von den Mitarbeitern schikaniert. Neid ist hier der Faktor, der das Mobbing von Mitarbeiterin A angezettelt hat.

Wie hätten Sie es besser machen können?
Lob spornt jeden Menschen an und darf auch vor der Gruppe kommuniziert werden. Jedoch sollte hier nicht nur eine einzelne Person und ihre besonderen Leistung hervorgerufen werden, sondern das gemeinsame Erreichen des Ziels belobigt werden, sodass niemand aus der Gruppe sich benachteiligt fühlen kann.

Über Gehälter sollte grundsätzlich nicht vor anderen Kollegen gesprochen werden, dies darf nur zum Thema im Vier-Augen-Gespräch aufgenommen werden.

Beispiel 2:
Im Meeting mit Ihrem Team möchten Sie das häufige Fehlen eines Mitarbeiters ansprechen: „Herr B. durch die häufigen Erkrankungen und Fehlzeiten Ihrerseits, haben Sie Ihren Kollegen einiges zugemutet. Es mussten einige der Mitarbeiter Überstunden leisten, damit das bekannte Arbeitspensum eingehalten werden kann."

In diesem Beispiel eröffnet die Führungsperson unbewusst die Jagd auf Mitarbeiter B. Dessen Kollegen sind natürlich nicht erfreut, ständig Überstunden machen zu müssen, damit die Arbeit vom erkrankten Mitarbeiter B. nicht zu lange aufgeschoben wird.

Mitarbeiter B. wird nun als Opfer auserkoren, den die anderen Kollegen für sein Fehlen am Arbeitsplatz bestragen.
besser hätte die Führungskraft es so formuliert:
„Herr B. wir freuen uns alle, dass Sie wieder genesen sind. Gemeinsam können wir uns nun den Dingen widmen, die bislang unbearbeitet bleiben mussten. Als gut eingespieltes Team sind wir in der Lage, das hohe Arbeitspensum wieder ins Lot zu bringen."

Durch diese bessere Formulierung wird Mitarbeiter B. nicht zum Schuldigen auserkoren, wird nicht zum Opfer von Mobbing. Die Führungskraft lobt die Leistungen des Teams und macht diesem durch die positiv gestaltete Ansprache die Energie, alle Aufgaben bewältigen zu können.

Sie sehen, als Führungskraft können und müssen Sie aktiv Prävention gegen Mobbing vorgehen, damit sich keiner Ihrer Mitarbeiter benachteiligt fühlt und aus diesem Frust heraus einen Kollegen zum Opfer von Mobbing macht. Missgunst, Neid, ungerechtes Verhalten oder Aggressionen sind oftmals die Auslöser für die Schikanierung von Mitarbeitern untereinander.

Wie Sie Mobbing in Ihrer Abteilung erkennen können:
Sollte es trotzdem einmal dazu kommen, dass in Ihrer Abteilung
Mobbing betrieben wird, dürfen Sie nicht wegsehen, sondern
müssen so schnell wie möglich diesen Psychoterror beenden.

Obwohl Mobbing in deutschen Büros einen immer größeren Platz
einnimmt, wird der Psychoterror unter Kollegen noch häufig tot-
geschwiegen. Zu groß ist die Scham des gemobbten Mitarbeiters,
der zum Opfer gemacht wurde.

Dahinter steckt die große Angst als schwach dargestellt zu werden.
Außerdem befürchten viele gemobbte Angestellte, dass der leitende
Mitarbeiter die Probleme seines Angestellten nicht ernst nimmt
und der Psychoterror daher andauern wird.

Damit Mobbing in Ihrer Abteilung nicht unentdeckt bleibt, müssen
Sie sensibel im Umgang mit den Angestellten sein und auf Veränderungen des Verhaltens achten.

Wie Sie erkennen können, ob in Ihrer Abteilung gemobbt wird:

1. Ein Mitarbeiter zieht sich immer mehr von seinen Kollegen zurück

Sicher gibt es im Team immer einen Single Player, der seine Leis-
tungen lieber alleine als in der Gruppe unter Beweis stellt.
Wenn sich jedoch ein Mitarbeiter plötzlich von der bisherigen
Gruppe abnabelt und weder in die Teamarbeit noch während der
Pause in die Gruppe integriert wird, sollten Sie als Führungskraft
Augen und Ohren offen halten. Die typische Grüppchenbildung
kann schon ein erstes Anzeichen für das Ausgrenzen von einzelnen
Mitarbeitern sein. Dies ist häufig der erste Schritt des Mobbens und
führt oft zu weiteren Ausgrenzungen des Mitarbeiters.

2. Der Angestellte zieht sich immer mehr zurück, wird stiller

und kommuniziert kaum noch

Angestellte, die durch Terror der Kollegen emotional belastet werden, ziehen sich immer weiter in ihr eigenes Schneckenhaus zurück, denn sie fürchten die direkte Kommunikation mit den Kollegen, die für die Schikane sorgen.

War ein Mitarbeiter früher kommunikativ, hat viel gelacht und mit seinen Kollegen auch mal gern über private Dinge erzählt und sitzt nun nur noch still alleine am Schreibtisch, müssen Sie Führungs-qualitäten beweisen und diesen Mitarbeiter so schnell wie möglich zu einem Gespräch bitten.

3. Der Mitarbeiter ist immer häufiger krank

Mobbing führt sehr häufig zu Fehlzeiten, nicht nur weil die Schikane der Kollegen für schwerwiegende psychische Probleme wie etwa eine Depression führen können, sondern weil es der Mitarbeiter dem Mobbing am Arbeitsplatz einfach nicht mehr aushalten kann. Er bleibt lieber mit Krankenschein zuhause als sich den Vorwürfen, Beleidigungen und Anfeindungen seiner Kollegen im Büro hin-geben zu müssen. Wenn ein Mitarbeiter aus Ihrer Abteilung oft fehlt, sollten Sie diesen in einem persönlichen Gespräch zu einer Stellungnahme bitten.

4. Bei Konflikten innerhalb des Teams kann sich der Gemobbte gegen seine Kollegen nicht durchsetzen

Haben sich manche Kollegen gegen eine einzelne Person ver-schworen, so ist es für diesen Angestellten sehr schwer, gegen die Überzahl der Kollegen anzukommen. Am Anfang wird er vielleicht noch versuchen, die Konflikte die im Raum stehen zu entkräften, kann sich aber gegen seine Mitarbeiter nicht wehren und verliert schließlich den Mut und den Willen, gegen diese schier unlösbare Aufgabe anzutreten.

Was müssen Sie tun, wenn Sie erstmals solche Anzeichen erkennen?

Als Führungskraft liegt es Ihrer Hand, Mobbing schon in den ersten Zügen zu vernichten. Wenn Sie als sensibler Mensch auf die feinen Einzelheiten der Mitarbeiter im Umgang miteinander wahrnehmen können, kann es Ihnen gelingen, Mobbing schnell aus Ihrer Abteilung zu verbannen.

Bitten Sie zunächst den Mitarbeiter zu einem Einzelgespräch, der nach Ihren Erkenntnissen in der Opferrolle steckt. Ist dieser Mitarbeiter emotional ohnehin schon durch die Schikanierungen seiner Mitmenschen angeschlagen, so ist ein sensibler Umgang mit Ihrem Angestellten von enormer Wichtigkeit.

Bieten Sie ihm Raum, Ihnen seine Eindrücke über die vorherrschende Situation zu nennen und nehmen Sie seine Schilderungen sehr ernst. Mobbing ist ein heikles Thema, dass oft durch Nichtbeachtung zu einem noch größeren Problem werden kann.

Möchte der Mitarbeiter von sich aus zunächst keine Stellung zu Ihren Mobbing Fragen geben, so versuchen Sie ihn behutsam an das Thema heranzuführen.

Zeigen Sie dem Mitarbeiter auf, dass Sie Änderung seines Verhaltens festgestellt haben und wie es seiner Meinung zu dieser Veränderung in der Verhaltensweise kommen konnte. Meist gelingt es, dass sich der Angestellte nun öffnen kann und die Probleme mit seinen Kollegen benennen kann. Holen Sie sich nach dem ersten Gespräch mit dem Opfer auch unbedingt die Meinungen des Kollegens ein, der scheinbar die Täterrolle übernommen hat. Bleiben Sie jedoch in einer neutralen Rolle als Führungskraft und notieren Sie sich die Ausführungen dieses Mitarbeiters.

Sie sollten dann Ihrerseits schildern, wie Sie das Verhalten beider Seiten interpretieren und auch deutlich machen, wie der gemobbte Kollege unter der aktuellen Situation leidet. Nachdem Sie beide Seiten jeweils getrennt voneinander gehört haben, bitten Sie eine neutrale Person, vielleicht Ihren eigenen Vorgesetzten oder auch einen Supervisor, bei einem gemeinsamen Gespräch mit den beteiligten Mitarbeitern zu vermitteln.

Wenn das Opfer über seine persönlichen Empfindungen offen sprechen kann, gelingt es häufig, beim Täter eine Einsicht zu erlangen.

Als Führungskraft bleiben Sie neutral und lassen die beiden Mitarbeiter frei agieren.

Beobachten Sie eine Weile, ob sich die Stimmung in Ihrer Abteilung wieder verändert hat. Bleiben Sie nah am Opfer und halten Sie dessen Verhaltensweisen genau unter Beobachtung.

Nach einiger Zeit können Sie wieder um ein Gespräch bitten und feststellen, ob er weiterhin in einer Opferrolle steckt oder ob der Psychoterror des Kollegen aufgehört hat. Ist der Täter weiterhin uneinsichtig, so müssen Sie ihm mit Sanktionen, wie zum Beispiel einem Ausschluss aus der Abteilung oder einer Kündigung drohen.

In einem Gespräch bieten Sie dem Mobbing-Opfer bitte Hilfe für seine Situation an.

Besprechen Sie Möglichkeiten, wie er die belastende Situation bewältigen kann. Kann vielleicht eine Versetzung Abhilfe schaffen?

Bieten Sie dem Mitarbeiter Lösungsvorschläge an, die ihm deutlich machen, dass Sie ihn ernst nehmen und ihm auch aufrichtig helfen wollen.

Was ist, wenn ein Mitarbeiter sich zu Unrecht als Ofer von Mobbing deklariert?

Oft liegt es an einer mangelnden Kommunikation, die die Gefühle des sensiblen Mitarbeiters verletzen. Bieten Sie auch hier die Möglichkeit zu einer Aussprache zwischen den Mitarbeiter an und kommunizieren Sie klar, dass alle Mitarbeiter des Teams eine positive Atmosphäre wünschen, in der sich alle Angestellten wohl fühlen können und offen kommunizieren können.

Mobbing wird heute in fast allen Unternehmen durchgeführt. Oft ist es ein verstecktes Mobbing, aber auch ganz offen versucht man unliebsame Mitarbeiter aus dem Unternehmen zu schubsen.

Manchmal werden Angestellte sogar regelrecht von Führungskräften „mürbe" gemacht und durch den psychischen Terror gezwungen, sich aus dem Unternehmen zu verabschieden.

Mobbende führende Angestellte sind da keine Seltenheit mehr, denn sie sehen den finanziellen Aspekt dieser hinterhältigen Form der Mitarbeiterentlassen. Dem Mitarbeiter wird nach dem Psychoterror suggeriert, dass er sich in der Firma nicht mehr wohl fühle. Ein Ausscheiden aus dem Unternehmen sei dann wohl die beste Lösung für alle.

Dass der Mitarbeiter so auf eine, sicherlich hohe, Abfindung mehr oder weniger freiwillig verzichtet, ist leider klar.
Auch kommt ein solcher Fall nicht vor das Arbeitsgericht.
Durch diese Taktik bleiben leider immer noch zahllose Fälle von Mitarbeitermobbing oder auch Bossing, der Psychoterror durch den Chef, unbekannt.

MITARBEITERGESPRÄCHE RICHTIG FÜHREN!

. . . . .

WARUM SIND MITARBEITERGESPRÄCHE SO wichtig? Um ein Unternehmen gut führen zu können braucht es nicht nur gute Leistung, sondern auch eine kontinuierliche Verbesserung der Arbeitsprozesse.
In Unternehmen kann es aber schnell zu einer Stagnation kommen, wenn kein Austausch stattfindet und Hürden im alltäglichen Arbeitsprozess unentdeckt bleiben.

Das Mitarbeitergespräch kann hier unter anderem Aufschluss geben und dafür sorgen, dass sie als führender Mitarbeiter die einzelnen Prozesse optimieren können.

Ebenso erfahren Sie in einem regelmäßigen Austausch mit Ihren Angestellten aus erster Hand, wie Ihre Fachkräfte die eigene Position im Unternehmen sehen. Was sind

Anforderungen an das Unternehmen, so kann man seine eigene Leistung optimieren, welche Ansprüche haben die Angestellten an den Vorgesetzten.

Im Mitarbeitergespräch kann all das zur Sprache kommen, wo zwischen Tür und Angel häufig keine Zeit gefunden wird.

Wie Sie Mitarbeitergespräche richtig führen, was wichtig im Gespräch mit Ihren Angestellten ist und wie Sie das umsetzen können, was im Interesse beider Parteien wichtig ist, erfahren Sie nun hier:

Alle Jahre wieder

Einmal im Jahr ruft der Chef alle Schäfchen einzeln in sein Büro und möchte sich mit ihnen über die Leistungen und Schwächen des vorangegangenen Jahres unterhalten. Was zur gepflegten Routine in vielen Unternehmen geworden ist, scheint heute weit her geholt, denn wer seinen Mitarbeitern nur einmal im Jahr die Gelegenheit gibt, mit dem Chef zu kommunizieren, der verpasst häufig die Chance, einen regen Austausch mit seinem Team gestalten zu können.

Regelmäßiger Austausch hilft schneller, Arbeitsvorgänge zu optimieren

Auch ein halbjährliches Mitarbeitergespräch ist zu wenig, um einen intensiven Überblick über die internen Geschehnisse in Ihrer Abteilung behalten zu können. Nehmen Sie sich immer wieder die Zeit, Ihre Angestellten zu einem Gespräch zu bitten um Störquellen aufzudecken, um Ideen Ihrer Mitarbeiter aufgreifen zu können und so den laufenden Arbeitsprozess zeitnah optimieren zu können.

Ferner sollten Sie den Angestellten in Ihrer Abteilung zugestehen, jederzeit bei Schwierigkeiten im beruflichen Alltag oder aber auch mit Sorgen und Nöten aus dem privaten Bereich zu Ihnen kommen zu können.

Wer klar signalisiert, dass ihm die Belange seiner Angestellten wichtig sind, der kann auch auf einen offenen und ehrlichen Austausch über berufliche Themen hoffen.

Was ist vor dem Mitarbeitergespräch wichtig?

Für Sie als Führungskraft sind Mitarbeitergespräche sicherlich an der Tagesordnung. Am Montag ein Bewerbungsgespräch am Mittwoch das Meeting für das bevorstehende Projekt am Freitag klären Sie mit Ihrer Angestellten Frau XYZ alles Nötige rund um die berufliche Weiterbildung.

All diese Gespräche zählen zum großen Überbegriff Mitarbeitergespräch.

Wichtig ist vor allem, dass für Sie als Führungskraft das Gespräch eigentlich schon vor der Terminlegung beginnt. Es ist wichtig, dass Sie sich im Vorfeld schon Gedanken machen, warum Sie ein Gespräch mit Ihrem Angestellten suchen.

Was muss dringend besprochen werden? Welche Themen sollen kommuniziert werden und wozu wollen Sie seine Meinung hören? Welche Ziele sollen bei diesem Mitarbeitergespräch klar kommuniziert werden?

Besonders hilfreich ist es, wenn Sie sich einige Fragen im vorhinein zurecht legen, die das Gespräch mit Ihrem Mitarbeiter in eine Richtung führen können

Dies zeigt nicht nur Interesse und Aufmerksamkeit, die Sie Ihrem Mitarbeiter mit der Vorbereitung des Gespräch Zuteil werden lassen, sondern hilft Ihnen während des Gesprächs auch alle wichtigen Punkte zeitgerecht ansprechen zu können, ohne dass Ihnen dabei etwas entfällt.

Vielen Angestellten ist es unangenehm wenn der Chef Sie um ein Gespräch bittet. Deshalb ist es Ihre Aufgabe, keine Ängste zu entfachen und schon früh zu zeigen, worum es in dem Gespräch gehen soll. So haben nicht nur Sie die Möglichkeit, sich auf das bevorstehende Gespräch vorbereiten zu können, sondern geben auch Ihrem Angestellten die Chance, sich Gedanken zum Gespräch machen zu können und gegebenenfalls zu überlegen, welche Themen, Probleme oder Vorschläge er seinerseits bei diesem Gespräch auf den Tisch bringen möchte.

Vereinbaren Sie deshalb auch nicht zu früh einen Termin, sondern geben Sie dem Angestellten die Möglichkeit, sich zwei oder drei Tage auf das Mitarbeitergespräch vorbereiten zu können. So kann er seine Sichtweisen noch einmal in Ruhe reflektieren und diese dann beim Gespräch mit Ihnen thematisieren.

Der Termin für das Mitarbeitergespräch ist gekommen…
Sorgen Sie für eine ungestörte Atmosphäre wenn Sie den Angestellten zum Gespräch laden.

Klingelnde Telefone, E-Mails, Kunden oder andere Mitarbeiter stören den Gesprächsfluss und sorgen so immer wieder für Unterbrechungen. Auch die tickende Uhr im Hintergrund kann stören, denn für ein ernstes Gespräch über die persönliche Weiterentwicklung des Mitarbeiters müssen Sie sich als Führungskraft die Zeit nehmen, alle Belange in Ruhe diskutieren zu können.

Ebenfalls kann es sehr hilfreich sein, wichtige Unterlagen aus denen sich Zahlen, Fakten aber auch persönliche Notizen über den Mitarbeiter ablesen lassen, griffbereit zu haben. Als Führungsperson müssen Sie ein Vorbild sein, dass seinen Schreibtisch geordnet hält und Informationen schnell zur Hand hat.

Bieten Sie Ihrem Mitarbeiter ein Getränk an. Es klingt so einfach, ist aber doch sehr effektiv, denn der Angestellte wird sich so geschätzt fühlen und ist für diese Aufmerksamkeit sehr dankbar. Nutzen Sie dieses kleine Tool um eine entspannte Gesprächsatmosphäre kreieren zu können.

Wie beginnt man das Gespräch mit dem Mitarbeiter am Besten?

Oft sind Angestellte sehr nervös wenn Sie dem Chef Auge in Auge gegenübersitzen.

Zeigen Sie die Wertschätzung für Ihren Mitarbeiter indem Sie diesen freundlich begrüßen:

Als Beispiel:

„Herr R. Ich freue mich sehr, dass Sie sich die Zeit für ein Gespräch genommen haben".

Letztendlich ist es nicht seine die Entscheidung ein Mitarbeitergespräch zu führen, sondern die Entscheidung liegt in Ihren Händen. Durch diese Formulierung suggerieren Sie aber, dass dem Angestellten auch ein Maß an Verantwortung zugeteilt werden kann.

Beginnen Sie zunächst mit etwas Smalltalk, der den Mitarbeiter in eine entspannte Situation versetzt. Geben Sie ihm hier die Möglichkeit, offen und frei zu sprechen.

Fragen Sie nach der Gattin oder interessieren Sie sich um das Wohl der Kinder um den Mitarbeiter erst einmal ankommen zu lassen und nehmen ihm gleichzeitig die Nervosität.

Nachdem Sie ihn haben aussprechen lassen, kommen Sie bitte direkt und ohne Umschweife zum Kernthema des Gesprächs.

Nennen Sie direkt das Kernthema des Gesprächs.

Zeigen Sie ihm zu Beginn der Unterredung Ihre Wertschätzung für seine Leistungen innerhalb der Firma. Konkretisieren Sie diese und geben dafür nach Möglichkeit direkt ein oder zwei Beispiele: „Herr P. Sie haben in der letzten Zeit viel Ausdauer bewiesen. Das langwierige Projekt XYZ konnten Sie hervorragend meistern und haben so gezeigt, dass Sie ein wichtiger Mitarbeiter für unser

Unternehmen sind."

So fördern Sie schon zu Anfang des Gesprächs die Integrität zum Unternehmen und zeigen Ihre Wertschätzung für die erbrachte Leistung. Der Mitarbeiter ist stolz und motiviert, diese Leistung auch weiterhin dem Unternehmen zukommen zu lassen.

Führen Sie auch Lob aus anderer Sicht an. Können Sie berichten, dass Kollegen oder Kunden die Leistung des Angestellten Herrn P. wahrgenommen haben, so ist jetzt die Möglichkeit, diese an den Mitarbeiter weiterzugeben.

Nachdem Sie den Angestellten für seinen Ehrgeiz gelobt haben, können Sie nun auch einen Kritikpunkt ansprechen.
„ Leider ist mir in letzter Zeit aufgefallen, dass Sie jeden Morgen zu spät im Büro erscheinen. Durch die späte Ankunft wird die Arbeit der anderen Kollegen massiv gestört. Ich würde mir in Zukunft wünschen, dass auch Sie pünktlich erscheinen, damit kein Mitarbeiter in seiner Arbeit unterbrochen wird."

Sie haben mit der Formulierung „Ich wünsche...." klar ein Ziel gesetzt, dessen Einhaltung nun unbedingt von Mitarbeiter P. wahrgenommen werden muss.

Geben Sie ihm nun aber zunächst die Möglichkeit, auf den vorangegangenen Kritikpunkt einzugehen und Stellung zu dieser Kritik nehmen zu können.

Indem Sie ein konkretes Beispiel genannt haben, nämlich dass Sie sich von Ihrem Mitarbeiter Pünktlichkeit wünschen, haben Sie ihm oder ihr signalisiert, dass dieses bisherige Verhalten weiterhin nicht mehr geduldet wird.

Wurde dieser Kritikpunkt, der Anlass für das Mitarbeitergespräch war, angegangen und wurde eine Lösung gefunden um diesen

Punkt in Zukunft zu beiderseitigen Zufriedenstellung zu verhindern, können Sie nun weitere Themen des Gesprächs ansprechen.

Wenn Sie sich einen weiteren Überblick über die allgemeine Arbeitsatmosphäre in Ihrem Team verschaffen möchten, so können Ihnen W-Fragen helfen, interessante Information aus erster Hand des Mitarbeiters zu erhalten:

W-Fragen sind sogenannte offene Fragen, die nicht mit einem einfachen „Ja" oder „Nein" abgespeist werden können.
Fragen, die mit „Warum", „Wo", „Wer", „Wann", „Wie" , „Wozu" oder „Was" beginnen, fordern immer eine offene Antwort ein, die voll mit interessanten Informationen gespickt sein kann, die Sie als Führungskraft heraushören müssen.

Ein Beispiel dazu:
„Herr P. wo sehen Sie sich in 5 Jahren?"
Dieser Klassiker der Fragen aus einem Mitarbeitergespräch kann viele Informationen über die Motivation des Angestellten mit sich bringen.

Wenn er offen und ehrlich antwortet, wissen Sie nach dieser Antwort, wo Ihr Mitarbeiter eigentlich beruflich steht, was er anstrebt und wie er dieses Ziel erreichen möchte. Ist dieser Mitarbeiter zufrieden mit seiner Arbeit in Ihrer Abteilung oder möchte er gar selbst eine leitende Aufgabe übernehmen?

Fehlt diesem Mitarbeiter die Möglichkeit zur kreativen Entfaltung innerhalb seines Arbeitsbereiches und möchte er Aufgrund dessen in ein anderes Unternehmen wechseln oder interessieren ihn sogar andere Bereiche des Unternehmens mehr?

Wichtig ist, dass Sie immer gut zuhören und dem Mitarbeiter die Gelegenheit geben , sich und seine ganz persönlichen Ziele auszusprechen.

Notieren Sie sich seine Ausführungen und hinterfragen Sie auch einmal etwas, wenn Sie nicht ganz genau verstehen können, was Ihr Gesprächspartner damit meint.

Sehnt sich Ihr Mitarbeiter tatsächlich nach einem neuen Aufgabengebiet oder sehnt sich gar nach einem neuen Unternehmen, so sollten Sie dieses offene Gespräch dazu nutzen, die eventuellen Schwierigkeiten innerhalb der Abteilung zu erkennen und diesen auf den Grund zu gehen. Ein offenes Gespräch bietet Ihnen immer die Möglichkeit, das ehrliche Feedback eines Angestellten als Chance zu nutzen, um Ihre Firma in verschiedenen Belangen zu optimieren. Zeigen Sie Ihrem Mitarbeiter, dass Sie auch offen für Kritik seinerseits sind und diese Kritik ihm nicht zum Vorwurf machen. Sie haben sich als emotional starke Führungsposition bewiesen und können nun auch gut mit konstruktiver Kritik gegen Ihre Arbeitsweise abfinden. Kommunizieren Sie daher Ihrem Team immer, dass es keine Scheu haben muss, auch an der Führungsperson Kritik üben zu können. Oft sind langjährige Mitarbeiter in einer leitenden Position auch mit der Zeit Betriebsblind geworden oder verharren zu lange mit Methoden, die jetzt nicht mehr den modernen Standarts entsprechen. Sie können das Gespräch mit Ihrem Angestellten als Möglichkeit für einen fairen Austausch auf gleicher Augenhöhe betrachten, bei dem es beiden Seiten zu Gute kommt, wenn Schwächen und Fehler offen kommuniziert werden können.

Fragen Sie Ihren Mitarbeiter auch, wo und wie kann ich Sie bei Ihrem beruflichen Werdegang unterstützen? Wünschen Sie sich eine Fortbildungsmaßnahme innerhalb oder außerhalb des Unternehmens um weitere berufliche Erfolge erzielen zu können. Die Stagnation eines Mitarbeiters, der keine Förderung mehr erfährt, kann der Tod der Produktivität sein.

Worauf Sie unbedingt beim Gespräch mit Ihrem Mitarbeiter achten müssen:

Hier noch einmal die wichtigsten Dinge, die Sie beim Mitarbeitergespräch beachten müssen.

Dem Mitarbeiter die Möglichkeit geben, sich vor dem Gespräch auf Themen auf die Unterredung vorbereiten zu können. Daher gilt es, dass dieser Termin nicht zu kurzfristig angesetzt wird.
Auch für Sie als Führungskraft gilt, dass Sie sich auf das Gespräch vorbereiten sollten, damit Sie im Gespräch alles ansprechen können, was sich auf die Leistungen des Mitarbeiters bezieht.

1. Um dem Angestellten die Nervosität nehmen zu können, beginnen Sie das Gespräch mit zwanglosen Smalltalk, kommen dann aber direkt zum Kern des zu besprechenden Themas.

2. Geben Sie dem Mitarbeiter die Möglichkeit auf Kritikpunkte einzugehen und überrollen Sie ihn nicht mit Vorwürfen.

3. Nehmen Sie sich ausreichend Zeit um einen fairen Austausch mit Ihrem Mitarbeiter gewährleisten zu können.

4. Nutzen Sie Feedback Ihrer Angestellten immer, um die Arbeitsatmosphäre in Ihrer Abteilung optimieren zu können

5. Bieten Sie dem Angestellten ganz persönliche und individuelle Möglichkeiten seine eigenen Fähigkeiten verbessern zu können.

6. Notieren Sie sich die wichtigsten Stichpunkte um im Nachhinein keine angesprochenen Punkte zu vergessen. Wer gut vorbereitet ist und sich stichpunktartig notiert was er beim Mitarbeitergespräch anmerken will, der kann ganz locker diesen Termin wahrnehmen.

Anders sieht es vielleicht bei Sonderformen der Mitarbeitergespräche aus.

Wer einen Angestellten einlädt um diesen abzumahnen oder gar zu kündigen, der wird diesem Gespräch lieber ausweichen.

Als Führungskraft müssen Sie aber hin und wieder solche Gespräche führen. Wie das am Besten gelingt und worauf Sie bei Sonderformen des Mitarbeitergesprächs achten müssen, erfahren Sie nun.

Welche Sonderformen des Mitarbeitergesprächs gibt es?

Neben den regelmäßigen Mitarbeitergesprächen, die einen Überblick über die bisherige Leistung schafft, gibt es immer wieder den Fall, dass ein Mitarbeiter zu einem anlassbezogenen Gespräch gebeten werden muss. Dies kann zum Beispiel ein enormer Leistungsabfall sein, aber auch eine Leistungssteigerung. Auch sind lange Erkrankungen häufig ein Grund für sogenannte Anlassbezogene Mitarbeitergespräche. Ebenso kann das Fehlverhalten eines Mitarbeiters dazu führen, dass dieser zum Gespräch in Ihr Büro muss. Für den Mitarbeiter positiv sind Gespräche die das Thema Gehaltserhöhung als Anlass nennen, Bewerbungsgespräche oder eine Unterhaltung über eine bevorstehende Beförderung.

Besonders unangenehm sind Konfliktgespräche, Mitteilungen über eine bevorstehende Kündigung oder eine Abmahnung.

Fangen wir erst einmal mit den unerfreulichen Mitarbeitergesprächen an. Diese sorgen nicht nur beim Angestellten für ein ungutes Gefühl, sondern sind auch unangenehm für die Führungskraft, die mitunter schlechte Nachrichten überbringen muss.

Für Sie als emotionale Führungskraft ist es von großer Wichtigkeit, dass Sie neutral bleiben und sich nicht von Emotionen, die während eines Gesprächs aufkommen können, leiten lassen.

Das Konfliktgespräch

Als Führungskraft ist es Ihre Aufgabe, Brandherde für auftauchende Probleme in Ihrer Abteilung zu verringern. Doch nicht immer können Sie es schaffen, zwischenmenschliche Probleme im Vorfeld zu unterbinden.

Konfliktgespräche können immer dann auftauchen, wenn eine Meinungsverschiedenheit der Mitarbeiter untereinander, aber auch eine Auseinandersetzung mit dem leitenden Angestellten aufgetreten sind. Um schnell eine eindeutige Lösung zu finden, die für alle Parteien annehmbar ist, sollte alsbald nach dem Konflikt ein Gespräch zur Bereinigung des Gesprächs angesetzt werden.

Was müssen Sie bei einem Konfliktgespräch beachten?

1. Der Konflikt wird nur mit den beteiligten Mitarbeitern besprochen
Berufliche Differenzen, Meinungsverschiedenheiten die im Zusammenhang mit dem Arbeitsalltag auftreten oder andere Konflikte von Mitarbeitern Ihres Teams werden nicht vor der gesamten Abteilung vorgetragen.

Bitten Sie die betroffenen Mitarbeiter zu einem fairen Austausch in einen separaten Raum und bieten Sie Ihnen die Möglichkeit zur Aussprache ohne dass andere Kollegen sind in diesen Konflikt einmischen können.

2. Dazu sollten Sie als leitender Angestellter den Konflikt zu Beginn des Gesprächs benennen und klar kommunizieren, wie Sie sich eine Lösung des Problems vorstellen, damit die Arbeitsatmosphäre wieder instand gesetzt werden kann.

3.Beiden Parteien, sofern mehrere Parteien vorhanden sind, müssen die Gelegenheit bekommen, ihre Ansicht des Konflikts darzustellen.

Hören Sie beide Seiten an, bleiben Sie dabei aber stets neutral.

4. Alle Beteiligten müssen sich einsichtig zeigen und bereit sein, Kompromisse einzugehen, damit eine Lösung gefunden werden kann, die für alle Beteiligten fair und zumutbar ist.

5. Bieten Sie als Führungskraft der konfliktbelasteten Abteilung unterschiedliche Lösungsvorschläge an, zeigen Sie dabei auch die Folgen für die gesamte Abteilung auf.

Finden Sie dann anschließend mit den Beteiligten des Konflikts einen Kompromiss.

Welche Fehler können in einem Konfliktgespräch auftauchen?
Während des Gesprächs müssen Sie als Leiter der Abteilung und führender Angestellter den Überblick behalten, denn letztendlich liegt es an Ihnen, eine Lösung des Problems zu finden und die Mitarbeiter an diese heranzuführen.

Vermeiden Sie daher unbedingt diese nachfolgenden Fehler, die häufig in einem Konfliktgespräch auftreten können:

1. Lösung nennen, das Problem aber nicht

Verschiedene Mitarbeiter haben unterschiedliche Ansichten über ihren Alltag in der Abteilung. Tritt nun ein Konflikt auf, so ist der erste Schritt, diesen Konflikt klar und deutlich in einem Gespräch zu benennen.

Wo verschiedene Menschen und ihre Meinungen aufeinandertreffen, entstehen immer unterschiedliche Ansichten einer Sache.

Zu Beginn des Konfliktgesprächs dürfen Sie also nicht vergessen, nochmal alle Ansichten der Beteiligten zu hören und dann den entstandenen Konflikt konkret zu benennen.

Wer den Konflikt findet, dem fällt es auch meist nicht schwer, eine Lösung zu finden, mit der alle Angestellten leben können.

2. Abwertendes Verhalten der Mitarbeiter

Je nach Konflikt kann es für alle sehr ärgerlich sein, die kostbare Arbeitszeit mit einem solchen Konfliktgespräch zu mindern.

Viele Angestellte, insbesondere die, die im Mittelpunkt des Konflikts stehen, nutzen diese Gelegenheit, um den Konflikt herunterzuspielen und ihn abzuwerten. Auch kann die andere Partei, die meist aus einem Mitarbeiter besteht, der sich gestört fühlt, lächerlich gemacht werden.

Sie dürfen als Führungskraft ein solches Verhalten niemals dulden. Zeigen Sie dem Mitarbeiter während des Gesprächs klar, dass Sie ein abwertendes Verhalten nicht wünschen. Sie haben sich alle zusammengefunden, damit man das Problem beseitigt und nicht um diesen Konflikt abzuwerten oder gar lächerlich zu machen. Unterbinden Sie schnell ein unzumutbares Verhalten, damit Sie eine faire Basis finden, die allen Angestellten zumutbar ist.

3. Beide Parteien machen sich gegenseitig Vorwürfe

Sie sind bei einem Konfliktgespräch in der Rolle des Vermittlers und haben Sorge zu tragen, dass sich eine Einigung finden lässt. Entkräften Sie die gegenseitigen Vorwürfe Ihrer Mitarbeiter indem Sie beiden Angestellten die Chance geben, zu den Vorwürfen des Anderen Stellung nehmen zu können.

Durch eine offene Kommunikation können schnell Missverständnisse und dadurch entstandene Konflikte ausgelöscht werden.

4. Es kann keine sachliche Einigung getroffen werden

Sind alle Parteien stur und können sich auf keinen Kompromiss einlassen, so bleibt Ihnen als Führungskraft oft keine andere Wahl. Um das Konfliktpotential so gering wie möglich zu halten müssen Sie einen Weg finden, der das Problem nicht mehr aufkommen lässt. Vielleicht kann eine Versetzung einer der Parteien eine Lösung sein, die für alle in Ordnung ist.

Als Führungskraft haben Sie am Ende des Gesprächs die Option, Ihren Vorschlag durchsetzen zu können. Auch wenn Sie keine Einigung finden, die im Interesse der gespaltenen Parteien ist, können Sie als leitender Angestellter die Maßnahme durchführen, die Ihrer Meinung nach die beste Option ist.

5. Es werden falsche Versprechungen gemacht

Beim gemeinsamen Projekt von Mitarbeiterin A und Mitarbeiter B. sind Konflikte aufgetreten die das Betriebsklima deutlich gestört haben, die gemeinsame Arbeit sichtlich erschwert haben und den Arbeitsflow unterbrochen haben.

Mitarbeiterin A bat ihren Vorgesetzten zu einem Konfliktgespräch mit ihrem Kollegen B, der klären soll, dass solche Konflikte in Zukunft nicht mehr bei einem gemeinsamen Projekt auftreten können.

B ließ nämlich die Meinung seiner Kollegin A nicht zu und arbeitete fast im Alleingang an dem wichtigen Projekt.

Beim Konfliktgespräch kommen beide Seiten zu Wort. Es stellt sich heraus, dass B. das vermeintlich fehlende Fachwissen seiner Kollegin zum Anlass nahm und die Bearbeitung des Projektes lieber alleine bewältigen wollte. Sie als Führungskraft suchen nun eine Einigung zwischen beiden Kollegen.

Mitarbeiter B. verspricht, beim nächsten Projekt auch die Meinung von Mitarbeiterin A. anzuhören. Mitarbeiterin A. wünscht sich, dass Ihre Fachkompetenz von ihrem Kollegen anerkannt wird.

Beide einigen sich auf eine faire Zusammenarbeit.
Jedoch kommt heraus, dass Mitarbeiter B. beim nächsten Projekt wieder als Single Player agieren möchte, da er meint, Frau A. hätte von diesem Thema keine Ahnung.

Sie haben es nun als Führungskraft in der Hand, diesen Konflikten ein Ende zu bereiten. Da Versprechungen auch nach einem Gespräch mit beiden Parteien nicht eingehalten wurden, müssen Sie nun konsequent sein und eine Grenze ziehen.

Die einfachste wäre, Mitarbeiter B. gänzlich von dem Projekt abzuziehen um Mitarbeitern A. eine ungestörte Arbeitsatmosphäre bieten zu können und ihr die Chance einzuräumen, ihre fachlichen Kompetenzen auch dem Kollegen B. zu zeigen.

Es kommt immer wieder vor, dass Mitarbeiter sich an getroffene Absprachen nicht halten wollen oder können. Als Führungskraft müssen Sie dann zeigen, dass Sie ein solches Verhalten nicht weiterhin dulden können. Konsequenzen müssen folgen, damit der Angestellte aus seinen Fehlern lernen kann.

Wie Sie als Führungskraft in einem Konfliktgespräch unbedingt agieren müssen:

1. Bleiben Sie neutral
Beziehen Sie keine Partei zu einem der in einem Konflikt stehenden Mitarbeiter, sondern bleiben Sie als Führungsperson neutral um auch gerecht entscheiden zu können. Hören Sie dazu zu Beginn

des Konfliktgespräches beide Seiten in Ruhe an, notieren Sie sich Stichpunkte und versuchen Sie dann eine Einigung herbeizuführen.

2. Bieten Sie beiden Seiten eine konstruktive Hilfe an, die für alle Mitarbeiter schnell umzusetzen ist. So schaffen Sie zeitnah wieder ein geregeltes Arbeitsumfeld in dem alle wieder ungestört arbeiten können.

3. Finden Sie eine faire Lösung
Damit sich nicht eine der Parteien nach dem Konfliktgespräch benachteiligt fühlt, sollten Sie einen Kompromiss schließen können, der im Interesse aller Parteien und auch im Sinne der Belegschaft ist. Nur so kann der Konflikt aus der Welt geschafft werden und eine positive Stimmung innerhalb der Abteilung erreicht werden.

Abmahnungsgespräch

Ein Mitarbeitergespräch in dem es um die Abmahnung eines Angestellten geht, ist auch für einen leitenden Angestellten keine schöne oder einfache Situation.

Sie sollten nicht direkt nach dem ersten Fehlverhalten ein Abmahnungsgespräch ansetzen. Ist zum Beispiel eine immer wiederkehrende Verspätung der Grund zur Abmahnung, sollten Sie den Mitarbeiter nach den ersten Verstößen darauf hinweisen, dass ein solches Verhalten den Flow des gesamten Teams stört und dass Sie darauf bestehen müssen, dass auch dieser Mitarbeiter sich an geregelte Arbeitszeiten zu halten hat.

Wird er daraufhin sein Verhalten noch immer nicht ändern und kommt auch weiterhin zu spät, so bleibt Ihnen nichts weiteres übrig als ein Abmahnungsgespräch zu suchen.

Was muss bei einem Abmahnungsgespräch unbedingt kommuniziert werden?

Sie müssen, um den Mitarbeiter abmahnen zu können, klar formulieren, welches Fehlverhalten er verschuldet hat.

Als Beispiel:

„ Herr Meier, auch heute Morgen waren Sie wieder 20 Minuten zu spät an Ihrem Arbeitsplatz. Wir haben bereits öfter darüber gesprochen, dass dieses Verhalten nicht akzeptiert werden kann. Sie stören durch Ihre verspätete Ankunft im Büro nicht nur Ihre Kollegen bei der Arbeit, sondern können in der verbliebenen Zeit selbst nicht so viel Leistung erbringen wie ich es als Ihre Führungskraft erwarte. Ab Morgen erwarte ich deshalb von Ihnen, dass auch Sie, wie Ihre Kollegen auch, pünktlich um 8 Uhr im Büro erscheinen.

In der ersten Phase des Abmahnungsgespräches müssen Sie deutlich den Grund für die Abmahnung nennen. Wichtig ist hierbei, dass Sie auch verbal hervorheben, dass wiederholt gegen das gewünschte Verhalten (mehrfaches Zu spät kommen) verstoßen wurde.

Dem Angestellten muss klar gezeigt werden, welches Verhalten hier abgemahnt wird. Übrigens muss nach rechtlichen Vorschriften die Abmahnung nicht in schriftlicher Form an den Mitarbeiter übergeben werden.

Kommt es jedoch später zur Kündigung aufgrund des mehrmaligen Fehlverhaltens, so muss der Arbeitgeber beweisen, dass eine vorherige Abmahnung stattgefunden hat.

Nützlich ist es also, dass während des Gesprächs eine dritte Person zugegen ist. Stellt Ihre Firma einen Betriebsrat, so können Sie ein Ratsmitglied zu diesem Gespräch bitten, dass im Falle einer späteren Kündigung bezeugen kann, dass der Mitarbeiter zuvor abgemahnt wurde.

Geben Sie Ihrem Angestellten die Möglichkeit Stellung zu dieser Abnahme zu beziehen. Jedoch sollten Sie sich nicht auf Ausreden oder Debatten seinerseits einlassen. Sie haben klar formuliert worin sein Fehlverhalten liegt, dieses muss er nun auch akzeptieren.

Im weiteren Verlauf des Gesprächs sollte der Grund zur Abmahnung noch einmal deutlich formuliert wiederholt werden. Außerdem müssen Sie nun konkret aussprechen, welche Folgen ein erneutes Fehlverhalten mit sich ziehen kann.

Als Beispiel:
„Herr Meier, ich möchte, dass Sie ab sofort pünktlich zur Arbeit erscheinen. Werden Sie jedoch noch einmal zu spät kommen, sehe ich mich gezwungen, arbeitsrechtliche Schritte in die Wege zu führen. Eine Kündigung wegen andauerndem Fehlverhalten könnte die Konsequenz sein."
Somit haben Sie Ihrem Mitarbeiter in aller Deutlichkeit gezeigt, dass er sein Fehlverhalten sofort abstellen muss, ansonsten könnte er seinen Arbeitsplatz alsbald verlieren.

Das Wichtigste nochmal in Kürze:

- **Fehlverhalten des Mitarbeiters klar benennen**

- **Konsequenzen aufzeigen wenn Mitarbeiter das Fehlverhalten nicht ändert**

- **Noch einmal das Fehlverhalten deutlich aufführen und Konsequenzen aufzeigen**

Es empfiehlt sich, zu diesem Gespräch ein Protokoll zu führen, dass alle wichtigen Informationen enthält. Hier ist noch einmal in schriftlicher Form festgehalten, welches Fehlverhalten des Angestellten angemahnt wird und welche Konsequenzen bei erneutem Fehlverhalten zu erwarten sind.

Lassen Sie sich dieses Protokoll von Ihrem Mitarbeiter unterzeichnen um bei arbeitsrechtlichen Schritten die erfolgte Abmahnung beweisen zu können.

Das Kündigungsgespräch

Im Berufsleben gibt es nicht nur erfolgreiche und positive Momente, das wohl negativste Gespräch ist das Kündigungsgespräch, das starke Emotionen beim Mitarbeiter auslösen kann.

Als Führungskraft sollten Sie ein Kündigungsgespräch immer fair gestalten, damit der Mitarbeiter sein Gesicht wahren kann.

Ein emotionsgeladenes Gespräch kann im Nachhinein immer mit üblen Folgen für die Firma enden, wenn ein ehemaliger Mitarbeiter nach der Entlassung in der Öffentlichkeit über seine unfaire Kündigung spricht. Üble Nachrede kommt sehr häufig vor, wenn Mitarbeiter scheinbar grundlos aus einem Unternehmen ausscheiden müssen.

Je nach Betriebsgröße muss vor einer Kündigung der Betriebsrat angehört werden. Wer dieses Merkmal übersieht und eine vorher ausgesprochene Kündigung aus juristischen Gründen wieder zurückziehen muss, schädigt nicht nur seinem eigenen Image, sondern schadet auch dem Ruf des Unternehmens.

Ist eine Entscheidung eindeutig gefallen, so muss zeitnah ein Termin für das Kündigungsgespräch gefunden werden, denn je mehr Mitarbeiter der Führungsebene von der bevorstehenden Kündigung wissen, um so größer die Gefahr, dass die Kündigung durch innerbetriebliches Getuschel an den betroffenen Mitarbeiter gerät, bevor dieser offiziell von seiner Kündigung erfährt.

Das Kündigungsgespräch kann man grundsätzlich in drei unterschiedliche Phasen unterteilen.

Stellen Sie sich als Führungskraft schon vor dem Gespräch auf ein emotionsgeladenes Gespräch ein, bei dem Sie jedoch stets seriös bleiben sollten und die eigenen Gefühle außen vor lassen müssen um sich als neutrale Führungskraft beweisen zu können.

Die drei Phasen eines Kündigungsgespräches

1. Kündigung
2. Verarbeitung
3. Modalitäten

Die ersten beiden Phasen werden direkt beim Mitarbeitergespräch kommuniziert. Die dritte Phase des Gespräch ergibt allerdings eine Besonderheit, denn diese dritte Phase kann unabhängig von den beiden ersten zu einem späteren Zeitpunkt geklärt werden.

Die erste Phase: Kündigung

Kommen Sie am Besten ohne Umschweife direkt auf die Kündigung. Bitte formulieren Sie den Grund des Mitarbeitergesprächs klar und verwenden Sie keine missverständlichen Formulierungen. Wenn Sie aus Angst, die Gefühle des Angestellten zu kränken, die Kündigung nicht klar als solche formulieren, kann dies dazu führen, dass er die Entlassung gar nicht richtig als solche wahrnimmt. Deshalb müssen Sie unbedingt die Kündigung als solche kommunizieren.

Sicherlich ist der Mitarbeiter im ersten Augenblick geschockt. Lassen Sie ihm oder ihr den Raum für seine Emotionen. Dabei kann es von Traurigkeit über Unverständnis bis hin zu einem Wutausbruch kommen. Als Führungskraft müssen Sie sich schon vorher im Klaren darüber sein, dass solche Emotionen auf Sie während des Gesprächs zukommen können.

Zeigen Sie Ihr Verständnis für die Gefühlsausbrüche des soeben gekündigten. Sicherlich fürchtet er nun um seine finanzielle Existenz, den sozialen Status oder die Wahrung seiner Persönlichkeit.

Vielleicht steht der Mitarbeiter nun unter Schock, das darf sie aber nicht davon abhalten, das Gespräch weiterhin zu führen.

Lassen Sie Stille, auch wenn Sie so unangenehm für Sie beide ist, nicht durch Floskeln oder gar Mitleidsbekundungen ausklingen. Belasten Sie die unangenehme Situation nicht zusätzlich durch weitere Ausführungen, sondern geben Sie dem Mitarbeiter auch die Chance, sich wieder zu fangen.

Die zweite Phase: Verarbeitung

Nennen Sie nun konkret den Grund für die Trennung von diesem Mitarbeiter. Um die Selbstachtung für den Mitarbeiter zu wahren, sollten Sie erklären, worauf diese Entscheidung begründet wurde. Bei Mitarbeitern die aus betrieblichen Gründen gekündigt werden, fällt es sicherlich Ihnen als Führungskraft leichter, die Wahrung der Selbstachtung zu unterstützen. Wird der Mitarbeiter aus Gründen, wie zum Beispiel einem wiederholten Fehlverhalten gekündigt, wird er sicher selbst einsehen, weshalb er für das Unternehmen nicht mehr tragbar war.

Lassen Sie sich bitte hier nicht auf eine Diskussion ein und bleiben Sie Ihrer Linie treu indem Sie keine Einwände dulden lassen.

Sicherlich fällt es Ihnen auch oft schwer, einen geschätzten Mitarbeiter aus Ihrer Abteilung entlassen zu müssen, aber Sie müssen ebenso wirtschaftlich denken und sind als leitender Angestellter auch den Vorschriften Ihres Vorgesetzten untergeben.

Die dritte Phase: Modalitäten

Hier tritt eine Sonderform des Mitarbeitergesprächs in Kraft, denn die dritte Phase eines Kündigungsgesprächs kann Aufgrund der starken emotionalen Belastung auch wenige Tage nach dem eigentlichen Kündigungsgespräch ausgeführt werden.

Durch den Schock, die Kündigung erhalten zu haben, vermindert sich die Aufnahmefähigkeit einiger Mitarbeiter.
Diese können in dieser emotionalen Ausnahmesituation viele Fakten nicht mehr aufnehmen, die wichtig für den weiteren Weg in diesem Unternehmen sind.

Vielleicht signalisiert Ihr Mitarbeiter aber auch, dass er die wichtigen Informationen sofort geklärt haben möchte. In einem solchen Fall können Sie natürlich unmittelbar nach der zweiten Phase in die Dritte Phase übergehen.

In der Dritten Phase klären Sie mit Ihrem Angestellten alle Formalitäten die sich aus der Kündigung ergeben. Gehen Sie eventuell auch noch einmal auf Fragen des Mitarbeiters ein, die er im Zuge seiner Emotionen während der formalen Kündigung vergessen hat.

Natürlich wünschen Sie ihm zum Ende des Gesprächs alles Gute für seinen weiteren Lebensweg.

Wie Sie Ihrem Team die Kündigung eines Mitglieds kommunizieren können

Um die Streuung von falschen Informationen innerhalb des Betriebes zu vermeiden, sollten Sie die ausgesprochene Kündigung auch recht zeitnah vor dem Team klären.

Da die Gründe für eine Kündigung meist personenbezogen sind, sollten Sie einfach kurz und klar sagen, dass Mitarbeiter XYZ ab dem genannten Datum aus dem Unternehmen ausscheiden muss. Über die Gründe dürfen Sie vor den Angestellten aus datenschutzrechtlichen Gründen nicht sprechen.

Dies sollte jeder Mitarbeiter verstehen und hinnehmen.

Die Grundsätze einer Gesprächsführung mit negativen Inhalt

Damit Sie in Zukunft keine Angst mehr haben müssen, Ihre Angestellten zu einen Gespräch mit negativen Ausgang ins Büro zu bestellen, klären wir hier noch einmal kurz und knapp die Grundlagen eines Mitarbeitergesprächs mit negativem Inhalt:

-Bereiten Sie das Gespräch vor
Damit das Gespräch erfolgreich für Sie verlaufen kann, ist eine gründliche Vorbereitung von Nöten. Setzen Sie sich schon vor dem Gespräch ein Ziel, dass Sie auch dem Mitarbeiter klar kommunizieren können.

Was soll nach dem Gespräch geschehen?
Als Beispiel:
Der Mitarbeiter K. steht erneut unter dem Verdacht, Bargeld aus der Kasse entwendet zu haben. Nach einem ersten Gespräch hat

sich der Verdacht nun leider bestätigt. Sie bitten den Mitarbeiter zu einem Kündigungsgespräch in Ihr Büro. Nach dem Gespräch soll der gekündigte Angestellte sofort seinen Arbeitsplatz räumen.

Nur wer sich selbst ein Gesprächsziel gesetzt hat und dieses auch klar formulieren kann, kann erreichen, dass auch der Angestellte diese Forderung wahr nimmt und sie sofort umsetzt.

- Offen und klar kommunizieren
Verwenden Sie bei einem negativen Gespräch wie einer Abmahnung oder einer Kündigung keinen Smalltalk als Gesprächseinstieg. Wer seinen Mitarbeiter zunächst auf einer freundschaftlichen Ebene trifft, nach dem Wohlbefinden der Kinder fragt, oder wissen will wie das vergangene Wochenende war, und dann das Thema auf den Tisch bringt, der verwirrt und verletzt seinen Gesprächspartner maßgeblich.

Kommen Sie also nach der Begrüßung ohne Umschweife auf den Kern des Gesprächs und kommunizieren Sie das Thema direkt und unmissverständlich.

- Lassen Sie sich nicht auf eine Diskussion ein
Sicher will sich Ihr Mitarbeiter in ein besseres Licht rücken und versucht nun mit aller Macht, das Eisen aus dem Feuer holen zu können indem er sich für sein Fehlverhalten entschuldigt und Besserung gelobt. Oder er versucht durch ein vermeintliches Missverständnis Ruhe in die ganze Angelegenheit zu bringen.

Sie dürfen sich während des Gesprächs niemals auf eine solche Diskussion einlassen. Als Führungskraft können Sie solche Diskussionen nur schwer verbal entkräften und gehen am Ende als Verlierer aus dem Gespräch.

Berichten Sie, dass die Entscheidung (zur Kündigung, zur Abmahnung, oder ähnliches) bereits gefallen und mit der Chefetage klar vereinbart ist.

Machen Sie dem wütenden Angestellten klar, dass er auch bei anderen Menschen aus der Führungsetage mit seiner Argumentation erfolglos sein wird.

Geben Sie solchen Diskussionen keinen Raum, sondern bieten Sie dem Mitarbeiter an, in einem späteren Gespräch noch einmal klar Stellung zu beziehen, dies aber die personelle Entscheidung nicht weiter beeinflussen kann und wird.

- Keine falschen Hoffnungen machen

Achtung, am Ende eines Gesprächs, wie zum Beispiel bei einer betriebsbedingten Kündigung lauert oft eine verbale Falle.
Viele Führungskräfte lassen sich aus einer Emotion heraus auf Sätze ein, wie zum Beispiel:
„Ich schau mal, ob ich doch noch was machen kann"
oder :
„Ich versuche nochmal mit meinem Chef zu sprechen".

Solche Äußerungen sind für Sie als Führungskraft äußerst fatal. Sie machen sich damit als Führungskraft sehr unbeliebt, wenn Sie bei Ihrem Vorgesetzten versuchen, die bereits ausgesprochene Kündigung wieder rückgängig machen zu wollen. Zudem machen Sie dem (ehemaligen) Mitarbeiter falsche Versprechungen, denn Sie wissen bereits beim Gespräch, dass Sie nichts mehr für den Mitarbeiter tun können.

Auch wenn es Ihnen menschlich leid tut, den Mitarbeiter auf die Straße setzen zu müssen, darf Ihnen bei der Kommunikation kein Fehler unterlaufen, mit dem Sie die Hoffnung des Anderen bestärken. Dieser wird sich auf Ihre Aussage stützen, am Ende kommt dabei aber leider nichts für ihn rum und alle Mitarbeiter sind enttäuscht. Sie können gerne Ihre Empfindungen aussprechen, sollten sich im großen und ganzen aber neutral verhalten.

Gehaltsverhandlungen

In Ihrer Karriere werden Sie häufig merken, dass Mitarbeiter gerne das Gespräch mit ihrer Führungskraft suchen, wenn es um eine Anpassung des Gehalts geht. Die Gehaltsverhandlung sollte ebenfalls nicht zwischen Tür und Angel geschehen, sondern benötigt ebenfalls einen ungestörten Raum, indem Sie sich mit Ihrem Mitarbeiter ungestört zurückziehen können.

Wie Sie auf die Frage nach einem höheren Gehalt reagieren sollen und wie Sie Argumentationen Ihrer Angestellten entkräften können, erfahren Sie jetzt.

1. Terminvereinbarung

Der erste Schritt auf dem Weg zum Gehaltsgespräch sollte, wie auch bei allen anderen Gesprächen mit den Mitarbeitern eine Terminvereinbarung sein.

Geben Sie Ihrem Mitarbeiter die Möglichkeit, ohne Zeitdruck, neugierige Kollegen oder störende Kunden mit Ihnen über sein Gehalt sprechen zu können.

Sie können Ihrem Mitarbeiter auf diese Weise signalisieren, dass Ihnen Ihr Anliegen wichtig ist und Sie ihm Respekt zollen, indem Sie sein Anliegen nicht schnell mit wenigen Worten abweisen, sondern sich die Zeit nehmen, mit ihm darüber zu reden.

2. Bereiten Sie sich auf das Gehaltsgespräch gut vor

Eine gute Vorbereitung für die bevorstehende Unterhaltung ist auch hier wieder von großer Wichtigkeit. Nutzen Sie die Zeit bis zum Gespräch um sich über den aktuellen Leistungsstand des Angestellten zu informieren. Was können andere Vorgesetzte über diesen

Mitarbeiter und dessen Fähigkeiten berichten?

Welche Eindrücke haben Sie in den vergangenen Monaten von diesem Mitarbeiter gewinnen können? Was ist positiv, was ist negativ? Wie kann der Mitarbeiter gefördert werden?

Ist sein Anspruch auf eine Gehaltserhöhung gerechtfertigt oder muss er für mehr Geld auch mehr Leistung bieten. Aber nicht nur die persönlichen Kompetenzen des Angestellten müssen berücksichtigt werden. Werfen Sie auch einmal einen Blick in die aktuellen Tarife? Wie viel Lohn erhält Ihr Mitarbeiter derzeit, gibt es da eine Differenz? Sammeln Sie auch Informationen über Ihren eigenen finanziellen Spielraum. Ist eine Gehaltserhöhung angemessen und kann diese auch finanziell realisiert werden?
Welchen Spielraum für eine Gehaltserhöhung können Sie vertreten?

Nutzen Sie die Tage bis zum Gehaltsgespräch intensiv um mit allen wichtigen Informationen ausgestattet zu werden. Nur so haben Sie eine gesunde Basis, die Ihre Argumentationen für oder gegen eine Gehaltserhöhung unterstützen können.

3. Das Gespräch

Lassen Sie zunächst den Mitarbeiter zu Wort kommen und blockieren Sie seine Frage nach einem höheren Gehalt nicht direkt mit einer Gegenargumentation.

Nehmen Sie sich die Zeit und hören Sie seine Argumente an. Anschließend sollen Sie die gewonnenen Eindrücke, die Fähigkeiten des Angestellten und dessen Leistung anerkennen. Zeigen Sie ihm guten Willen und machen Sie klar, dass er ein wertvoller Mitarbeiter für Ihr Team ist.

Kommen Sie nun auf die Argumente die gegen oder für eine Gehaltserhöhung sprechen.

Hat der Mitarbeiter seine Fähigkeiten und die eigene Leistung richtig eingeschätzt oder sind Sie als leitender Angestellter da ganz anderer Meinung?
Welche Wünsche hat er seine Arbeit betreffend?
Nutzen Sie nun die von Ihnen zusammengetragenen Argumente um dem Mitarbeiter die Gehaltserhöhung zu gewähren oder um diese abzulehnen.

Sagen Sie offen, wenn es Ihnen derzeit aus betriebswirtschaftlicher Sicht nicht möglich ist, eine Gehaltserhöhung zu gewähren, bieten Sie aber Ihrem Angestellten an, zu einem späteren Zeitpunkt nochmal über die Erhöhung des Gehalts zu sprechen.

Bieten Sie dem Angestellten Alternativen zur Gehaltserhöhung an
Wenn es Ihnen möglich ist, bieten Sie Alternativen an, die einen Ausgleich zur finanziellen Lage bieten.

Dies könnten zum Beispiel mehr Urlaubstage sein oder die Nutzung eines Firmenwagens. So zeigen Sie Ihrem Mitarbeiter trotz der negativen Nachricht, nämlich dass Sie aktuell keine Erhöhung des Gehalts bieten können , aber die guten Leistungen des Mitarbeiters dennoch honorieren möchten. Vielleicht können Sie so eine Einigung finden, die für beide Seiten gütlich ist.

Bewerbungsgespräch

Wenn ein Mitarbeiter aus persönlichen Gründen aus dem Unternehmen ausscheiden muss, entsteht eine Lücke die so schnell wie möglich wieder gefüllt werden muss, damit ein nahtloser Übergang im laufenden Arbeitsprozess gewährleistet werden kann.

Gemeinsam mit den Personalreferenten Ihres Unternehmens laden Sie ausgewählte Kandidaten zu einem Einstellungsgespräch um zu überprüfen, ob der Bewerber fachlich und menschlich in die Firma integriert werden kann.

Die Vorbereitung

Nachdem Sie aus der Vielzahl der Bewerber einige potentiale Kandidaten eingeladen haben, bereiten Sie sich für das bevorstehende Bewerbungsgespräch vor.

Legen Sie sich den Lebenslauf und das Anschreiben des jeweiligen Bewerbers zurecht und gehen Sie die Unterlagen direkt vor dem Gespräch noch einmal durch. Markieren Sie sich gegebenenfalls wichtige Passagen in den Texten um später Fragen dazu stellen zu können.

Der Beginn des Bewerbungsgespräches

Begrüßen Sie Ihren Bewerber zunächst und stellen Sie ihm alle Beteiligten des Vorstellungsgesprächs vor. In den meisten großen Betrieben werden mittlerweile Bewerbergespräche mit mehreren Führungsmitarbeitern und Mitarbeitern aus der Personalabteilung durchgeführt. Stellen Sie daher die entsprechenden Person vor, beziehungsweise bitten Sie Ihre Kollegen sich selbst kurz vorzustellen.

Beginnen Sie dann mit einer kurzen unverfänglichen Frage um dem Bewerber die Nervosität zu nehmen.

Ein Klassiker hierzu ist natürlich die Frage nach der Anfahrt.

Als Beispiel:
„Guten Herr Tag Müller, schön dass Sie den Termin zur Vorstellung in unserem Unternehmen wahrnehmen können. Das Gespräch wird

von mir und von Frau Heinke aus der Personalabteilung durchgeführt. Wie war Ihre Anfahrt? Die Parkplatzsituation kann manchmal ganz schön schwierig sein."

Sie lockern damit die ernste Stimmung und geben dem Bewerber so ein positives Gefühl.
Bieten Sie dem Bewerber ein Getränk an.
Nimmt er dieses an, so bieten Sie ihrem Bewerber die Chance, einen kleinen Moment der Bedenkzeit zu gewinnen, nämlich dann, wenn er einen Schluck des Getränks nimmt.

Das Angebot eines Getränks sorgt für eine angenehme und wertschätzende Gesprächsbasis, die dem Bewerber die Nervosität nimmt.

Wird während des Bewerbungsgespräch noch ein kurzer Einstellungstest angestrebt, sollten Sie dies auch direkt zu Beginn der Unterhaltung ansprechen um dem Bewerber darauf vorbereiten zu können.

Das Einstellungsgespräch: Die zweite Phase:

Nach der kurzen Einleitung beginnt nun der eigentliche Teil des Bewerbungsgesprächs. Hier werden Sie den potentiellen neuen Mitarbeiter und seine Fähigkeiten erstmals näher kennenlernen.

Beginnen Sie mit der schulischen Laufbahn wenn Sie einen recht junge Bewerber zum Gespräch geladen haben. Bei einem Bewerber, der schon 20 Jahre erfolgreich in einem anderen Unternehmen tätig war, zielen Sie natürlich nicht soweit in die Vergangenheit zurück, sondern beginnen direkt mit dem beruflichen Werdegang.

Klären Sie die bisherigen Tätigkeiten des Bewerbers und informieren Sie sich über dessen Kenntnisse und Fähigkeiten. Stellen Sie klar formulierte Fragen, die keine Missverständnisse erzeugen.

Hören Sie aufmerksam zu, machen Sie sich zu den Ausführungen des Kandidaten gerne Notizen, zu dem Sie später Fragen stellen können. Signalisieren Sie Interesse an seiner bisherigen beruflichen Erfahrung.

Ebenfalls typische Fragen in einem Vorstellungsgespräch sind Fragen über Lücken im Lebenslauf. Geben Sie dem Kandidaten die Chancen, ehrlich auf diese Frage antworten zu können und achten Sie hier auf die Körpersprache. Schaut der Bewerber während seine Ausführung nach links, könnte dies ein Hinweis auf eine Lüge sein. Schaut er, oft unbewusst, nach oben, so erinnert sich der Bewerber an eine Situation.

Als leitender Angestellter sollten erklärbare Lücken im Lebenslauf für Sie kein Problem sein, wenn der Gesprächspartner eine logische Erklärung dafür hat.

Sie können die Motivation des potentiellen Mitarbeiters testen, indem Sie ihn nach seinen Interessen fragen und wie er diese in seinem neuen Job in Ihrem Unternehmen einbringen kann?

Ein künstlerisch interessierter Bewerber hat sicherlich viele Ideen, die er in Projekten mit seinen Kollegen teilen kann.

Ein Bewerber mit vielen Sprachkenntnissen kann sich bei Verhandlungen mit ausländischen Geschäftspartnern als sehr wertvoll zeigen.

Lassen Sie den Bewerber von Hobbys und Interessen sprechen, fragen Sie aber nicht nach sexuellen Präferenzen, religiösen Interessen oder gar der Familienplanung bei weiblichen Bewerbern. Diese Fragen sind aus rechtlichen Gründen bei einem Vorstellungsgespräch nicht zulässig und sollten daher unbedingt vermieden werden.

Kann der mögliche neue Mitarbeiter in dem Gespräch darstellen, weshalb ihn die Anstellung in Ihrer Firma reizt, oder was erhofft er sich von einem Wechsel in Ihre Abteilung?

All diese Fragen können viel Aufschluss darüber geben, wie motiviert und engagiert der Bewerber vor Ihnen tatsächlich ist.

Phase Drei: Die Motivation des Bewerbers

Im dritten Teil des Bewerbungsgespräches können Sie durch geschickt gestellte Fragen noch mehr über die Motivation des Bewerbers erfahren.

Fragen wie zum Beispiel:
„Wie sind Sie eigentlich auf unsere Mitarbeitersuche aufmerksam geworden?"
oder
„Warum möchten Sie in dem Unternehmen XYZ tätig werden?" sind Klassiker des Bewerbungsgesprächs, die immer wieder Aufschluss darüber geben, wie intensiv sich der Gesprächspartner mit Ihrem Unternehmen im Vorfeld beschäftigt hat.

Ferner sprechen Sie mit dem Bewerber über die Gehaltsvorstellung. Gibt es eine Diskrepanz zwischen der Vorstellung und dem tatsächlichen Gehalt, können Sie merken, ob der Bewerber das Interesse an der Tätigkeit in Ihrem Unternehmen verliert oder nicht. Wäre das niedrigere Gehalt ein Kriterium, den angebotenen Job doch auszuschlagen oder kann er mit der Summe leben, die ihm für die Aufnahme der Arbeitsstelle in Ihrer Abteilung geboten wird?

Wäre der vor Ihnen sitzende Bewerber auch bereit, für eine Anstellung in Ihrer Firma den Wohnort zu wechseln?

Nicht nur an den Ausführungen des Bewerbers, sondern auch an seiner Körperhaltung und der unbewussten Körpersprache können Sie die inneren Beweggründen Ihres Gesprächspartners lesen.

Stellen Sie fest, dass der potentielle neue Mitarbeiter ein Problem mit dem Gehaltsangebot oder mit einem Wechsel des Wohnorts hat, können Sie hier schnell den Bewerber selektieren. Sie benötigen einen Mitarbeiter, der sich voll und ganz hinter das Unternehmen stellt und dadurch auch die Möglichkeit zu einer Karriere in Ihrer Firma erhält.

Im anschließenden Teil des Vorstellungsgesprächs nehmen Sie Bezug auf die charakterlichen Kompetenzen des Bewerbers. Bitten Sie ihn, drei positive und drei negative Eigenschaften zu nennen.

Gehen Sie darauf ein indem Sie fragen, wie er durch Lernkompetenz die negativen Seiten verbessern möchte.

Stellen Sie Ihrem Bewerber auch Fragen bezüglich seiner Stressresistenz bei hohen Arbeitsaufkommen, arbeitet er bevorzugt alleine oder kann er sich in ein bestehendes Team gut integrieren?

All diese Fragen zeigen Ihnen als leitender Angestellter eine gute Zusammenfassung über die Kompetenzen des potentiellen Mitarbeiters. Machen Sie sich während der Ausführungen immer Notizen um die einzelnen Kompetenzen später mit denen von weiteren Bewerbern abgleichen zu können.

Im abschließenden Teil ist Ihre Kommunikationsfähigkeit gefragt. Sie stellen kurz Ihr Unternehmen und dessen Firmenphilosophie vor. Sie stellen nun vor, welche Anforderungen Sie an einen neuen Mitarbeiter stellen und wie Sie sich die gemeinsame Arbeit in Zukunft vorstellen
.

Zeigen Sie das Arbeitsumfeld auf, in die der neue Mitarbeiter integriert werden soll.

Zum Abschluss erhält der Kandidat noch die Möglichkeit, offene Fragen zu stellen. Diese Gelegenheit kann ein interessierter Kandidat nutzen, um Ihnen zu zeigen, dass er sich gut auf dieses Vorstellungsgespräch vorbereitet hat. Mögliche Fragen auf die Sie als Führungskraft ebenso gut vorbereitet sein müssen sind diese hier:

Mögliche Fragen, die ein Bewerber im Gespräch an Sie stellen könnte:
„Was erhoffen Sie sich von der Neubesetzung der Stelle?"
„Wieso ist diese wichtige Stelle aktuell unbesetzt?"
„Welche Fortbildungsmaßnahmen kann man in Anspruch nehmen?"
„Habe ich in Ihrem Unternehmen die Chance auf der Karriereleiter aufzusteigen?"
„Wie viele Mitarbeiter sind in dem Team tätig?"

Das Gespräch sollte nun zum Abschluss kommen. Achten Sie bitte auch unbedingt darauf, das Vorstellungsgespräch nicht unnötig in die Länge zu ziehen. Ein Vorstellungsgespräch für eine Position in der mittleren Unternehmenshierarchie werden in der Regel etwa 30 Minuten angesetzt. vermeiden Sie es auch unbedingt, weitere Bewerber unnötig warten zu lassen.

Danken Sie dem Bewerber zum Ende des Gespräch für das Interesse an einer Zusammenarbeit mit dem Unternehmen und setzen Sie einen klaren Termin bis zur Verkündung der Entscheidung. So können Sie dem Bewerber klar signalisieren, dass die Initiative nun von Ihrer Seite aus geht. Benennen Sie ebenfalls eine Kontaktperson, die bei Rückfragen nach dem Gespräch kontaktiert werden kann.

Welche Fehler können Führungskräfte in einem Bewerbungsgespräch machen?

Unvorbereitet sein

Auch bei der Auswahl eines neuen Mitarbeiters ist die Vorbereitung das A und O. Damit ist nicht gemeint, dass man fünf Minuten vor dem eigentlichen Bewerbungsgespräch noch einmal die eingereichten Unterlagen des Kandidaten durchgeht, sondern dass man im Vorfeld schon die Bewerber selektiert. So sparen Sie nicht nur Zeit, indem Sie unpassende Bewerber erst gar nicht zum Gespräch in Ihre Firma einladen.

Im laufenden Bewerbungsprozess können Sie die Möglichkeit nutzen um ein oder zwei ehemalige Arbeitgeber des Bewerbers kontaktieren und diese nach deren Erfahrungen mit dem ehemaligen Angestellten fragen. Wo hat er sich bewähren können und wo eben nicht?

Entspricht diese Bewertung Ihren Vorstellungen von einem neuen Mitarbeiter? Dann lohnt es sich, diesen Bewerber einmal näher kennenzulernen.

Bitten Sie Ihre Angestellten Kriterien für einen neuen Kollegen zu entwickeln

Eine oft unbeachtete Möglichkeit, sich für den richtigen Kandidaten aus der Vielzahl der Bewerber zu entscheiden, ist das Kriterium des Teams, in das der neue Kollege integriert werden soll.

Was wünschen sich die Mitarbeiter von einem neuen Kollegen, welche Fähigkeiten sollte er mitbringen, damit das Team optimal arbeiten kann?

Hier können Sie Skills aus einer völlig neuen Perspektive bei der Auswahl der Bewerber bedenken.

Keine Notizen machen

Während des Bewerbungsgesprächs vergessen viele Führungskräfte, sich Notizen zu den Ausführungen des Bewerbers zu machen. Besonders in größeren Unternehmen, die eine Vielzahl von Bewerbern zum Gespräch einladen, kann dies am Ende der Bewerbungsgespräche zu Verwirrungen sorgen. Welcher Bewerber hatte sich nochmal durch seine guten Referenzen qualifiziert, welche Kandidatin zeigte besonders große Entwicklungsmöglichkeiten? Vermerken Sie wichtige Fähigkeiten und Informationen während des Gespräches um nach dem Gespräch auch weiterhin den Überblick über die einzelnen Bewerber behalten zu können.

Unzulässige Fragen stellen

Bei einem Gespräch mit einem potentiellen neuen Angestellten sind einige Fragen unzulässig. Achten Sie unbedingt darauf, diese Fragen zu vermeiden.

Dazu gehören nicht nur politische Ansichten oder sexuelle Präferenzen, sondern bei weiblichen Bewerberinnen auch die Frage nach einer bestehenden oder geplanten Schwangerschaft. Sicherlich sind Sie als leitender Angestellte daran interessiert, eine Mitarbeiterin einzustellen, die langfristig in Ihrer Firma tätig ist und nicht nach einigen Monaten wieder Aufgrund einer Schwangerschaft aus dem Betrieb ausscheidet.

Die Frage nach einer aktuellen Schwangerschaft können Bewerberinnen aus rechtlichen Gründen sogar absichtlich falsch beantworten.

Führen Sie keine Monologe

In einem Bewerbungsgespräch geht es nicht um Sie, sondern einzig und allein um den Bewerber der vor Ihnen sitzt. Halten Sie daher keine Monologe, sondern lassen Sie eine ausgeglichene Gesprächsbasis walten.

Dabei ist es aber wichtig, dass Sie nicht nur Standardfragen, die Klassiker aus dem Bewerbungsgespräch stellen, sondern individuelle Fragen stellen um die individuellen Kompetenzen der Person kennen lernen zu können.

Auf klassische Fragen aus einem Bewerbungsgespräch wie: Wo sehen Sie sich in 5 Jahren? Kann der Bewerber genau die Antworten geben, die Sie als Arbeitgeber von ihm hören wollen.

Sie wollen dem Kandidaten die Möglichkeit geben, sich Ihnen nach besten Möglichkeiten vorzustellen. Geben Sie ihm die Chance dazu, und hören Sie genau zu. So signalisieren Sie echtes Interesse an seiner Person und wertschätzen Ihren Bewerber.

Machen Sie keine Versprechungen, die Sie nicht halten können
Sie erwarten in einem Vorstellungsgespräch absolute Ehrlichkeit von Ihrem Gesprächspartner. Also sollte es klar sein, dass auch Sie absolut ehrlich zu dem Kandidaten sind.

Versprechen Sie ihm keine schnelle Aufstiegsmöglichkeit in Ihrem Unternehmen, wenn diese gar nicht gegeben ist. Auch sollten Sie vermeiden, leere Versprechungen zu machen. Wünscht sich der Kandidat in Ihrer Firma Weiterbildungsmaßnahmen, die Sie zwar versprechen, die aber niemals stattfinden werden, merkt das der neue Angestellte und wird schnell wieder aus dem Team ausscheiden wollen. Seien Sie ehrlich und fair, genauso wie Sie es von Ihren Kandidaten erwarten.

Fällen Sie Entscheidungen nach nur einem Gespräch
Besonders in großen Unternehmen wird im Auswahlverfahren von Bewerbern immer öfter darauf geachtet, die Kandidaten nicht zu einem, sondern zu mehreren Gesprächen einzuladen, bevor eine endgültige Entscheidung getroffen wird.

Hat sich Ihr Kandidat in einem ersten Gespräch als tauglich bewähren können, so können Sie ihn und andere gute Bewerber noch zu einem Test einladen, der fachliche Kompetenzen überprüft.

Daraus selektieren Sie wieder einige Kandidaten die dann zu einem zweiten, intensiven Bewerbungsgespräch ausgewählt werden.

Rollenspiele oder eine kurze Probearbeit in dem bestehenden Team zeigen dann oft, welcher Bewerber sich als tauglich bewähren konnte.

Nach nur einem , relativ kurzem, Gespräch den richtigen Bewerber auswählen zu können ist für jeden Personaler schwierig. Je nach Tagesform können gute Kandidaten genau beim ersten Gespräch schwächeln, sich dann aber doch gegen ihre Mitbewerber durchsetzen.

Als Führungskraft sollten Sie die Zeit einplanen um die Auswahl an Kandidaten so gut wie möglich zu selektieren. Mit den richtigen Fragen können Sie potentielle Mitarbeiter von unpassenden Kandidaten richtig trennen und finden so ein Teammitglied, dass sich optimal in eine bestehende Abteilung integrieren lässt.

Allgemeine Tipps und Tricks um erfolgreich Gespräche führen zu können

Sie haben nun zahlreiche Tipps rund um Mitarbeitergespräche erhalten. Anschließend erfahren Sie nun allgemeine Tipps und Tricks rund um eine erfolgreiche Gesprächsführung für den beruflichen und privaten Gebrauch.
„Guten Tag Frau ...ähhhhhh?!"

Nennen Sie Ihren Gesprächspartner immer wieder beim Namen und sorgen Sie so für eine wertschätzende Gesprächsführung. Menschen mögen es, immer wieder mit ihrem Namen angesprochen zu werden. Wenn Sie erfolgreich mit Ihren Mitmenschen kommunizieren möchten, sollten Sie es sich zur Gewohnheit machen, immer den Namen Ihres Gesprächspartners fallen zu lassen. So können Sie Ihrem Gegenüber Ihre Wertschätzung zeigen.

So können Sie auch ohne die passenden Argumente Ihre Mitarbeiter überzeugen

Im Arbeitsalltag haben Sie als leitender Angestellter immer viel um die Ohren.

Hin und wieder kommt es vor, dass Mitarbeiter Ihre Hilfe suchen, obwohl Sie gerade gedanklich in einem völlig anderen Thema sind.

Wenn Sie auch ohne Argumente Ihre Kompetenz beweisen wollen, was Sie als Führungskraft auch müssen ohne Ihr Gesicht zu verlieren, können Sie diese Methoden anwenden, um dennoch kompetente Antworten geben zu können.

Durch allgemeine Kenntnisse
Als leitender Angestellter mit viel Erfahrung nutzen Sie allgemeingültige Kenntnisse um in Momenten, in denen Sie Ihre Argumentation nicht auf Fakten stützen können, erfolgreich ihre Mitarbeiter anleiten zu können.

Sogenannte topische Argumente setzen sich aus allgemeinen Grundsätzen zusammmen, die für jeden Menschen deutlich gemacht werden können.

Nutzen Sie Denkfehler um Ihre eigene Ansicht besser „verkaufen" zu können
Als leitender Angestellter sind Sie in der Rolle des Führers, der die eigenen Angestellten zu Ihrem Ziel führt. Sicherlich kommt es auch mal vor, dass Ihre Angestellten anderer Meinung sind als der Chef. Um Ihr Team von Ihrer Meinung überzeugen zu können, können Sie Denkfehler nutzen um das Team erfolgreich auf Ihren Weg zu bringen.

Ein Beispiel aus der Praxis:

„Herr Schmidt, wir brauchen sollten unbedingt noch vor dem nächsten Projekt die neuen PC Programme installieren, damit wir schneller arbeiten können."

Ihre Angestellte Frau Müller ist der Ansicht, dass das bevorstehende Projekt durch die Umstellung auf neueste Programme erleichtert werden kann. Nur hat Sie da nicht an alles gedacht, wie ihr Vorgesetzter Herr Schmidt beweisen kann.

„Liebe Frau Müller, ich verstehe sehr gut dass Sie sich eine Erleichterung des Arbeitsprozesses durch die neusten PC Programme wünschen. Sicherlich haben Sie Recht, dass diese Programme einige Vorgänge optimieren können. Jedoch möchte ich Ihnen zu bedenken geben, dass das nächste Projekt, nämlich das wichtige Werbeprojekt von unserem geschätzten Kunden Vogel, schon in Kürze bearbeitet werden muss. Die Installation der PC Programme wird einige Zeit in Anspruch nehmen. Ebenso wird es eine Weile dauern, bis Sie und Ihre Kollegen in der Abteilung den Umgang mit diesem Programm erprobt haben. Wir können gerne zu einem späteren Zeitraum über die Anschaffung der neusten PC Programm sprechen, aber vor dem wichtigen Projekt von Kunde Vogel möchte ich davon absehen, damit der gewohnte Arbeitsprozess nicht gestört wird."

In diesem Gespräch haben Sie Ihrer Angestellten Frau Müller kommuniziert, dass Sie von Ihrem Vorschlag, die PCs im Büro mit einem neueren Programm auszustatten grundsätzlich nicht ablehnen. Sie zeigten Ihr Ihre Wertschätzung für die Idee, mussten Ihr aber auch gleichzeitig deutlich machen, dass jetzt nicht der richtige Zeitpunkt für die Umrüstung ist, da schon bald ein wichtiges Projekt bearbeitet werden muss. Da die Umrüstung der PCs für alle Mitarbeiter der Abteilung eine neue Phase der Einarbeitung in Anspruch nimmt, vertrösten Sie die Angestellte auf einen späteren Zeitpunkt.

Stärken Sie Ihre eigene Meinung

Auch wenn Sie nicht alle Fakten zur Hand haben, eine eigene Meinung werden Sie sicherlich haben. Um Ihr Team von Ihren eigenen Ansichten überzeugen zu können, müssen Sie es durch rhetorische Mittel schaffen, die Angestellten von Ihrer eigenen Ansicht zu überzeugen. Dazu stärken Sie Ihre eigene Meinung und schwächen die der Anderen.

Hier ein Beispiel aus der Praxis. mit Bezug auf das Beispiel aus dem vorherigen Tipp:

„Herr Schmidt, die PCs sind nicht mehr auf dem neuesten Stand. Wir benötigen dringend das neue Programm für die Computer."

„Liebe Frau Müller, ich schätze Ihr Engagement und Ihren Einsatz für das ganze Team. Aber ich sehe, dass Sie und Ihre Kollegen mit dem alten Programm gut zurecht kommen und beste Ergebnisse erzielen können. Sie sind sicher der gleichen Meinung und sehen, dass Sie und Ihre Kollegen die Vorzüge des bewährten PC Programms sehr gut umsetzen können. Ich möchte gern das altbewährte System weiterhin für laufende Arbeitsprozesse nutzen."

Sie bedanken sich bei der Mitarbeiterin für Ihre eigene Idee, nehmen Sie aber direkt kommunikativ in die Pflicht und überzeugen Sie durch rhetorische Fähigkeiten, sich Ihrer Meinung anzuschließen.

Wichtig ist immer, dass Sie nicht direkt den Vorschlag des Mitarbeiters abschmettern, sondern ihm oder ihr zunächst Wertschätzung zukommen lassen, sie dann aber direkt auf Ihren eigenen Weg führen und sie überzeugen, sich Ihrer Meinung anzuschließen.

Konjunktive vermeiden

Um sich als Teamleiter beweisen zu können, und Ihre Abteilung sicher führen zu können, sollten Sie in Gesprächen mit Ihren Angestellten Konjunktive vermeiden. Diese suggerieren immer, dass Dinge möglich sind, diese aber doch nie umgesetzt werden.

Worte wie :

- vielleicht

- im Falle dessen

- wenn

- wir könnten

Setzen in Gesprächen die Hoffnung auf Veränderung. Nutzen Sie Ihre eigenen rhetorischen Fähigkeiten um Ihr Team klar zu führen. Machen Sie auch verbal deutlich, wo Ihr Ziel gesetzt ist und was nach dem Erreichen des Ziels für Sie als Abteilung ansteht.

Wir könnten und vielleicht sind schwammige Aussagen, die Ihren Angestellten keine Klarheit bringen und allgemeingültig sind.

Um sich als leitender Angestellter dursetzen zu können, verzichten Sie auf solche Wörter und geben Sie klar den Ton an. Driften Sie während eines Gesprächs nicht vom eigentlichen Thema ab

Damit Sie weiterhin als Mensch mit viel Durchsetzungskraft von Vorgesetzten und Mitarbeitern angesehen werden, sollten Sie bei einem wichtigen Gespräch nicht vom Thema abweichen. In dem Sie klar und deutlich kommunizieren und eine deutliche Linie in Gesprächen beibehalten, können Sie beweisen, dass Sie eine Führungskraft mit klarer Leitlinie sind, die Ihr eigenes Ziel fokussiert im Auge behält und dies auch mit rhetorischen Mitteln durchsetzen kann.

Wenn Ihr Gesprächspartner Bedarf hat, mit Ihnen vom Thema abzukommen und Sie vom eigentlichen Gespräch abbringen möchte, verhindern Sie diese Taktik indem Sie eine klare Linie ziehen und dem Gesprächspartner gerne einen Termin anbieten, um das andere Thema zu besprechen, sich jetzt aber voll und ganz auf das eigentliche Thema konzentrieren möchten.

Die Körpersprache unterstreicht die verbale Kommunikation

Nicht nur die fachliche Kompetenz, die emotionalen Fähigkeiten sowie die rhetorischen Kenntnisse sind für eine Führungskraft wichtig, damit Sie erfolgreich im Umgang mit Mitarbeitern und Vorgesetzten sein können. Aber nichtsdestotrotz sollten Sie durch die richtige Körpersprache Ihre Stellung unterstreichen und können sogar Ihre Mitmenschen lesen, wenn Sie einige wichtige Merkmale der Körpersprache kennen.

Wie Sie durch die richtige Körperhaltung Ihre Kompetenz unterstreichen und wie Sie Anhand der Körpersprache erkennen können, wie Ihre Mitmenschen „ticken" können Sie nun hier nachlesen.

Sie sind leitender Angestellter und müssen Ihre Abteilung repräsentativ führen. Dies sollte sich auch in Ihrer Körperhaltung widerspiegeln, denn die richtige Körperhaltung symbolisiert nicht nur Ihre Stellung, sondern macht auch deutlich, dass Sie Macht in Ihrer Anstellung besitzen. Nutzen Sie diese Möglichkeit der Repräsentation und nutzen Sie dieses Tool um Ihre Position nach Außen hin klar zu machen.

Bauch rein, Brust raus

Ein leitender Angestellter der seine Macht nicht nach Außen hin zeigen kann, der die Schultern hängen lässt und sich so selbst klein hält, kann seine Macht als Führungskraft nicht klar machen.

Wer eine gerade Körperhaltung einnimmt und den Körper durchstreckt, der zeigt dadurch direkt, dass er Selbstbewusstsein besitzt, dass er geradlinig ist und sich so auch zeigen will.

Auch Sie können Ihre Stärken nach Außen hin zeigen indem Sie den Rücken gerade machen, den Bauch nach innen ziehen und die Brust nach oben recken. Symbolisieren Sie Vorgesetzten und den Mitarbeiter aus Ihrem Team so, dass Sie eine starke Führungspersönlichkeit besitzen und diese auch durch Ihre Körperhaltung beweisen können.

Um Ihre Bodenhaftigkeit präsentieren zu können, stehen Sie mit festen Boden auf dem Boden. Beide Beine in Schulterbreite signalisieren Ihrem Gegenüber, dass Sie eine Person mit Standfestigkeit sind, die geerdet ist und seine Position auch in schwierigen Zeiten beweisen kann.

Bleiben Sie auf Augenhöhe

Wer sich in einer übergeordneten Position befinden, der schaut auf seine Angestellten oft von oben herab. Seinen eigenen Vorgesetzten aber nur von unten.

Zeigen Sie als offene Führungspersönlichkeit dass Sie menschlich auf einer Augenhöhe mit Ihren Mitarbeitern und auch den Vorgesetzten sind und suchen Sie stets den Augenkontakt zu Ihren Mitmenschen. Wer Augenkontakt zu seinen Gesprächspartnern hält, symbolisiert seine aufrichtige Anerkennung zu seinem Gegenüber.

Im Auge behalten

Lassen Sie Ihr Gegenüber nie aus den Augen. Wer seinen Blick immer wieder schweifen lässt, zeigt deutliches Desinteresse an seinem Gesprächspartner. Halten Sie in einem Gespräch stets Augenkontakt, aber starren Sie die Person nicht an. Das wichtige Element der nonverbalen Kommunikation ist ein unverkrampfter

Augenkontakt, der Standhaftigkeit signalisiert, denn wer es nicht einmal schafft, seinem Gegenüber in die Augen zu sehen, der kann auch kein echtes Interesse an einem Gespräch mit der Person vorweisen.

Ein kleiner Trick:

Manchen Menschen fällt es schwer, einem anderen Menschen standhaft in die Augen zu blicken. Um die Scheu vor einem intensiven Blick zu verlieren können Sie diesen kleinen Blick nutzen: Versuchen Sie bei Ihrem Gegenüber die Augenfarbe zu definieren. Dazu müssen Sie einen intensiven Blick riskieren und ihm oder ihr direkt in die Augen blicken.

Ein kräftiger Händedruck

Der erste körperliche Kontakt zwischen zwei Menschen ist meist der Händedruck. Schon hier können Sie direkt beim ersten Kontakt Ihre Position darstellen, indem Sie Ihrem Gegenüber durch einen kräftigen Händedruck zeigen kann, dass er ein Gegenüber hat, dass seine Stärke beweisen will.

Auch für Frauen in Führungspositionen gilt: Zeigen Sie Ihre Position durch einen kräftigen Händedruck und lassen Sie sich nicht durch das zu zaghafte Hände schütteln in eine weichere Ecke stellen und machen Sie besonders männlichen Kollegen klar, dass auch das schwache Geschlecht Stärke beweisen kann.

Eine Armlänge bewahren

Treten Sie Ihren Mitmenschen sprichwörtlich nicht zu nahe. Im beruflichen Alltag müssen wir zwar oft eng zusammenarbeiten, doch im übertragenen Sinne sollten Sie die sogenannte Intimsphäre wahren und etwa eine Armlänge Abstand halten, wenn Sie mit Angestellten und Vorgesetzten arbeiten.

Wer sich nicht an diese persönliche Grenze halten kann, stört die persönliche Grenze seiner Mitmenschen. Als Chef sollten Sie diese

Grenze unbedingt einhalten um Ihren Mitarbeitern eine ungezwungene Arbeitsatmosphäre bieten zu können.

Zeigen Sie Ihren Standpunkt durch Ihre Gestik
Nicht nur die eigene Privatsphäre können Sie durch eine Armlänge Abstand bewahren, Sie zeigen oft auch unbewusst durch die Haltung Ihrer Arme im Gespräch die innere Einstellung.

Wenn Sie einige Regeln befolgen, können Sie bald Ihre innere Haltung auch durch die Gestik kommunizieren.

Ich bin hier der Boss
Ihr Angestellter kommt zu Ihnen ins Büro um kurzfristig ein Anliegen besprechen zu können. Sie gestikulieren Ihrem Mitarbeiter durch die Haltung Ihrer Arme, die Sie hinter dem Kopf nach Außen strecken, dass Sie der Führer der Abteilung sind. Sie signalisieren Ihrem Mitarbeiter durch diese Gestik, dass er seine Meinung nicht frei äußern sollte, das Sie am Ende das letzte Wort haben.

Besser machen Sie es so:
Ihr Mitarbeiter kommt in Ihr Büro und möchte Ihnen sein Anliegen schildern. Als aufgeschlossener leitender Angestellter, der offen für neue Ideen seiner Mitarbeiter ist, zeigen Sie ihm diese Haltung auch durch Ihre Gestik. Begrüßen Sie ihn mit offenen Armen und leiten ihn direkt zu einem Platz der Ihrem Gegenüber steht. Durch die offenen Arme zeigen Sie Ihren Mitmenschen, dass Sie offen für Neues sind und sich gerne die Ideen Ihrer Mitarbeiter anhören möchten.

Verschränkte Arme zeigen ängstliche Gefühle
In Abwehrhaltung gehen Sie durch Ihre Gestik, wenn Sie die Arme vor der Brust verschränken. Diese oft unbewusste Haltung wird hervorgerufen durch ängstliche Gefühle. Ein Mensch in dieser Haltung möchte sich defensiv geben und sich am liebsten in sein eigenes Schneckenhaus zurückziehen. Als Schutzbarriere sollen die vor der Brust verschränkten Arme dienen, um einen Wall vor der

eigentlichen Person zu bauen.

Sie als leitender Angestellter sollten diese Geste meiden. Vor Ihren Angestellten büßen Sie durch diese Haltung an Professionalität ein, da Sie sich als Führungsperson ängstlich zeigen, im Gespräch mit Ihren Vorgesetzten begeben Sie sich durch diese Schutzhaltung ebenfalls in eine defensive Haltung.

Wie Sie die Körpersprache Ihrer Mitmenschen lesen und deuten können

Im Mitarbeitergespräch werden Ihnen viele Emotionen der Mitarbeiter entgegenkommen. Oft kann Ihnen die Körpersprache mehr signalisieren als die Worte, die ein Mensch ausspricht. Wie Sie diese Sprache verstehen und wie Sie dieses Wissen ausnutzen können, können Sie nun lernen:

Um die Körpersprache Ihrer Mitmenschen lesen zu können, müssen Sie den Anfang erst wieder bei sich selbst machen. Denn an der eigenen Körperhaltung kann man seine Emotionen besser begreifen und dann dieses Wissen im Umgang mit seinen Mitmenschen umsetzen.

Deshalb schauen Sie in bestimmten Situationen an sich herab und geben Sie auf die Gestik Acht.

Defensive Körperhaltung

Eben haben Sie bereits gelernt, dass verschränkte Arme, die einen instinktiven Schutzwall vor dem Körper darstellen, auf eine defensive Haltung deuten. Der Mensch vor Ihnen möchte Ihre Anweisungen am Liebsten gar nicht annehmen, würde sich lieber dieser, für ihn unangenehmen, Situation entziehen.

Auch die ineinander verschränkten Hände sind ein klares Zeichen einer defensiven Körpersprache, die signalisieren will, dass die Person nicht einer Meinung mit Ihnen ist. Sind die Hände dem Körper zugewandt, so will diese Person sich innerlich verschließen.

Ebenfalls ein Zeichen für eine defensive Körperhaltung ist der zurückgezogene Oberkörper. Ist der Rücken durchgedrückt und wirkt steif, dann mangelt es dem gegenüber an Interesse für das Gespräch.

Achten Sie auf die Hände Ihrer Mitmenschen

An den Händen kann man viel aus der Haltung herauslesen. Viele Menschen spielen während eines Gespräches unbewusst mit den Händen. Wenn Sie bemerken dass Ihr Gegenüber immer wieder mit den Fingern spielt und nervös mit den Fingern spielt, so deutet diese Bewegung auf eine Übersprungshandlung und ist ein Zeichen von Nervosität. Auch wer mit einem Gegenstand in der Hand spielt, möchte seine Aufgeregtheit vor dem Gesprächspartner verbergen. Hält Ihr Gegenüber zum Beispiel eine Tasse demonstrativ vor dem Körper, so sollte dieser Gegenstand auch als eine Art Schutzwall angesehen werden. Im schlimmsten Fall deutet diese Gestik darauf hin, dass der Gesprächspartner etwas zu verbergen hat und durch diese unbewusste Geste etwas verheimlichen, was bisher noch im Verborgenen bleiben soll.

Lösen Sie keinen Fluchtreflex aus

Mitarbeitergespräche sind manchmal sehr nervenauftreibend für einige Mitarbeiter. Das Gespräch mit dem Chef kann bei manchen sogar für starke Emotionen sorgen, die sie zwar vor Anderen verbergen können, Ihnen aber durch die Kenntnisse über Körpersprache bekannt sind. Wippelt Ihr Angestellter oder die Mitarbeiterin immer auf dem Stuhl vor Ihnen herum, so deutet dies darauf hin, dass Ihr Gegenüber sehr unsicher ist und dieser Situation sprichwörtlich entfliehen möchte.

Wenn Sie eine solche körperliche Reaktion während eines Gesprächs mit Ihrem Angestellten erkennen, versuchen Sie die Situation durch Ihre aufgeschlossene Art zu entspannen. Signalisieren Sie Ihrem Mitarbeiter, dass er nichts befürchten muss.

Wo sind die Hände

Sicherlich kennen auch Sie mindestens einen Mitarbeiter, der während des Gesprächs seine Hände immer versteckt. Ob unter dem Tisch oder unter die Beine geklemmt, diese Haltung signalisiert eine evolutionsbedingte Haltung. Menschen die ihre Hände versteckten, hielten oft im Verborgenen eine Waffe für den Notfall zurück. Hält Ihr Mitarbeiter die Hände bewusst unter dem Tisch, so könnte es sein, dass er mit Informationen zurückhält, bei denen er nicht sicher ist, ob er diese preisgeben soll.

Wer nicht hören will.....
....greift sich ans Ohr.

Der Mensch der Ihnen eigentlich zugewandt sein sollte, zeigt durch diese unbewusste Gestikulation, dass er eigentlich gar keine Lust auf diese Unterhaltung hat. Sie haben nun das Zepter in der Hand und können durch kleine verbale Hinweise zeigen, dass Sie erkannt haben, dass er kein interessierter Zuhörer ist.

Die Kobra Geste entlarvt überhebliche Gesprächspartner

Mitten im Gespräch hebt Ihr Gegenüber die Arme und breitet sie hinter dem Kopf aus. Die Hände ineinander verschränkt, die angewinkelten Arme ausgebreitet, erinnert diese Haltung an die namensgebende Kobra. Wer sich in einem Gespräch derart gestikuliert, will seinem Gesprächspartner damit zeigen, dass er sich in dieser Situation überlegen fühlt. Manch ein Mitarbeiter will durch diese überhebliche Gestik seine eigene Unsicherheit überspielen, manch anderer fühlt sich dem Gesprächspartner aber tatsächlich überlegen und zeigt dies auch durch seine protzige Körperhaltung. Zeigen Sie Ihrem Gesprächspartner dass Sie sich von dieser Gestik nicht einschüchtern lassen.

Unsichere Gesprächspartner zeigen Ihre Ängstlichkeit durch diese Geste

Sie kenne sicher auch Menschen, die sich immer ans Ohr fassen und an den Ohrläppchen spielen. Diese weit verbreitete Geste ist ein eindeutiges Zeichen von Unsicherheit und einem unguten Gefühl, dass die Gesprächsbasis zwischen den beiden Parteien erheblich stören kann.

Durch das knibbeln am Ohrläppchen verliert das Gegenüber von seiner Souveränität und büßt damit seine eigene Position ein.

Als Führungskraft, die diese Körperhaltung deuten kann, sind Sie nun in der Lage, die Führung des Gesprächs übernehmen zu können und den weiteren Gesprächsverlauf in die gewünschte Bahn zu lenken.

Mit der Zeit werden Sie die Eigenheiten der Körpersprache jedes Mitarbeiters individuell beurteilen und lesen können. Durch die emotionale Intelligenz, die Sie durch den täglichen Umgang mit Ihren Mitarbeitern perfektioniert haben, und den Kenntnissen über rhetorische Möglichkeiten und der Interpretation der Gestikulation sind Sie zu einer Führungspersönlichkeit geworden, die nicht nur fachliche Kompetenzen vorweisen kann, sondern auch durch soziale Fähigkeiten und herausragende Soft Skills beweisen konnte. Zum Abschluss zeigen wir noch einmal zwei Fallbeispiele von Mitarbeitergesprächen auf, die so jedem Tag in Ihrer beruflichen Karriere auftreten könnten.

Fallbeispiel 1:
Beurteilungsgespräch
Sie haben seit drei Monaten eine neue Mitarbeiterin in Ihrem Team. Zum Ende der Probezeit bitten Sie Ihre Angestellte zu einem ersten Beurteilungsgespräch. Das Feedback gibt der neuen Mitarbeiterin die Möglichkeit, eigene Fähigkeiten zu reflektieren und zu optimieren. Ebenso erhält die Mitarbeiterin die Gelegenheit, ihrerseits

Dinge anzusprechen, die ihr wichtig sind.

„Guten Tag Frau Schneider, schön dass Sie die Zeit gefunden haben, sich zu einem Gespräch in meinem Büro einzufinden. Sie sind ja nun seit fast drei Monaten in unserem Team beschäftigt. Haben Sie sich mittlerweile gut eingefunden?"

Frau Schneider entgegnet: „Ja, ich habe bereits viele Eindrücke in diesem Unternehmen gewinnen können und konnte auf die Unterstützung meiner Kollegen bauen. Ich habe mich sehr gut in meine neue Position einfinden können."

„Das haben mir Ihre Kollegen auch berichtet. Ich habe beobachten können und ebenfalls von einigen Kollegen erfahren, dass Sie sehr engagiert arbeiten und viele neue Ideen in das Team einbringen. Ebenfalls möchte ich loben, dass Sie stets als erste Mitarbeiterin im Büro erscheinen.

Allerdings ist mir aufgefallen, dass Sie Ihren Arbeitsplatz immer sehr unordentlich am Feierabend hinterlassen.

Wir schätzen hier ein aufgeräumtes und geordnetes Arbeitsumfeld. Ich würde mir von Ihnen für die Zukunft wünschen, dass Sie sich etwa 5 Minuten vor dem Feierabend die Zeit nehmen und Ihren Arbeitsplatz ordnen. Gerne stellen wir Ihnen auch dafür mehr Ablagen zur Verfügung wenn Ihnen das hilft."

„Ja, Herr Wagner, Sie haben Recht, ich neige zur Unordnung. Wenn ich in meinem eigenen Arbeitsflow bin, veranstalte ich ein Chaos, dass ich aber überblicken kann. Wenn Sie in Ihrem Team aber großen Wert auf Ordnung legen, werde ich gerne Ihre Kritik annehmen und meinen Arbeitsplatz in Zukunft geordnet und aufgeräumt hinterlassen."

„Was wünschen Sie sich denn eigentlich in der weiteren

Zusammenarbeit mit uns? Gibt es Anregungen, die wir Ihrer Meinung nach in der Abteilung umsetzen könnten?"

„Ich habe gemerkt, dass meine Kollegen in der Abteilung erweiterte Kenntnisse mit dem Zeichenprogramm Skizze3 haben. Ich konnte in meiner bisherigen beruflichen Laufbahn leider noch nicht so oft mit diesem PC-Programm arbeiten. Vielleicht ergibt sich demnächst eine Möglichkeit, innerhalb einer Fortbildung den Umgang mit diesem Programm zu erlernen?"

„Ich werde mich darum kümmern, dass Sie in nächster Zeit einen Intensivkurs für die Bearbeitung mit Skizze 3 erhalten. Wenn ich weitere Informationen habe, gebe ich diese natürlich sofort an Sie weiter Frau Schneider."

Dieses Beispiel ist der Verlauf eines optimalen Beurteilungsgespräches. Als leitender Angestellter sollten Sie neuen Mitarbeitern gegen Ende der Probezeit immer die Chance geben, in einem Beurteilungsgespräch die bisherige Zeit in der Firma und die erbrachten Leistungen reflektieren zu können.

In diesem Beispiel geht der Vorgesetzte Herr Wagner das Gespräch richtig ein. Er begrüßt seine neue Mitarbeiterin freundlich und zeigt durch die Aufzählung der positiven Aspekte direkt die Wertschätzung für seine neue Angestellte. Zwar hält er auch einen Kritikpunkt bereit, gibt der neuen Mitarbeiterin aber direkt einen konstruktiven Lösungsvorschlag mit auf den Weg und bietet ihr sogar an, ihr weitere Ordner zur Verfügung zu stellen.

Im weiteren Verlauf des Gesprächs bietet der leitende Mitarbeiter seiner neuen Angestellten die Chance, eigene Punkte anzusprechen, und gibt ihr auch die Gelegenheit Wünsche für die zukünftige Zusammenarbeit äußern zu können. Wenn ein leitender Angestellter diese Möglichkeit zur Äußerung der Wünsche direkt von sich aus anspricht, kann er so leichter die Vorstellungen der Mitarbeiter erfahren, denn viele Angestellte trauen sich von sich aus nicht, solche Wünsche in einem Gespräch mit dem Chef zu äußern.

Auf die Bitte nach einer Fortbildung äußert sich die Führungskraft nicht zu schwammig, sondern gibt eine klare Aussage und wird sich an diese Absprache auch halten. Er hat somit einen vertrauensvollen zukünftigen Weg für eine gute Zusammenarbeit gelegt.

Anders sieht es beim folgenden Beispiel aus. Hier wurde durch den Mitarbeiter die vertrauensvolle Arbeitsatmosphäre gefährdet. Für beide Parteien bedeutet dies, dass ein Kritikgespräch nun unausweichlich ist. Auch wenn dies für Arbeitnehmer und leitendem Angestellten eine unangenehme Situation darstellt, kommt das Kritikgespräch in jedem Betrieb häufiger vor.

Die Situation in unserem Beispiel liegt folgendem Verhalten zu Grunde:
Herr Köhler hat sich am Dienstagmorgen wiederholt verspätet. Dieses Verhalten musste der leitende Angestellte Hoffmann in letzter Zeit häufiger bei seinem Angestellten Köhler beobachten. Er wünscht sich nun eine Veränderung des Verhaltens seines Mitarbeiters und vereinbart mit Köhler ein Mitarbeitergespräch.

Der Ablauf eines solchen kritischen Mitarbeitergesprächs stellt sich so dar:
Hoffmann: „Herr Köhler, ich begrüße Sie. Lassen Sie uns keine Zeit verlieren, ich komme direkt auf den Grund, warum ich Sie heute zu einem Gespräch in mein Büro geladen habe. Und zwar hab ich heute morgen leider wieder beobachten müssen, dass Sie als letzter Mitarbeiter der Abteilung um 8.25 Uhr zur Arbeit erschienen sind. Wie Sie wissen beginnt unser Arbeitstag pünktlich um 8 Uhr. Ich kann und will in meiner Abteilung eine solche Arbeitshaltung nicht dulden und bitte Sie hiermit direkt, in Zukunft pünktlich im Büro zu erscheinen.

„Herr Hoffmann, ich weiß dass ich heute leider wieder zu spät war. Ich musste meine Tochter noch in den Kindergarten bringen. Es fällt ihr momentan so schwer alleine dort bleiben zu müssen. Deshalb war ich in der vergangenen Zeit immer wieder zu spät."

„Ich verstehe Ihre familiäre Situation. Wie Sie vielleicht wissen, bin ich selbst Vater und kann mich da auch gut einfinden. Jedoch kann ich als Ihr Vorgesetzter keine Ausreden gelten lassen. Ihre Kollegen, Frau Buchfeld ist eine alleinerziehende Mutter und schafft es auch jeden Tag pünktlich im Büro zu erscheinen. In Zukunft verlange ich von Ihnen, dass Sie Ihr privates Zeitmanagement so optimieren, dass auch Sie es schaffen, um 8 Uhr im Büro zu erscheinen. Haben Sie eine Idee, wie Sie das in Zukunft schaffen wollen?"

„Ich werde meine Frau bitten, den Fahrdienst für unser Kind zukünftig zu übernehmen, damit ich es wieder rechtzeitig hierher schaffe."

„Herr Köhler, ich freue mich, dass wir in dieser Sache einen Weg finden konnten, der dann in Zukunft auch durchgeführt wird. Ich wünsche Ihnen noch einen produktiven Tag."

In diesem Beispiel zeigt sich der Mitarbeiter Köhler einsichtig und kann sein Fehlverhalten sofort reflektieren. Durch die familiäre Situation konnte er es nicht früher zur Arbeit schaffen.

Der Abteilungsleiter Hoffmann hat selbst einen Sohn und weiß wie hektisch der Morgen in einer jungen Familie ablaufen kann. Dennoch kann er seine Seriosität und die Autorität die seine Position als leitender Angestellter beinhaltet, nicht verlieren und kann diese Ausrede nicht gelten lassen.

Sein Angestellter Köhler kann einen Lösungsvorschlag präsentieren, der das Verhältnis zwischen Arbeitgeber und leitenden Angestellten wieder in Gleichklang bringen kann.

Wichtig für den leitenden Angestellten, der ein solches Kritikgespräch führen muss ist der Punkt, dass er einen Weg findet, die Einsicht seines Angestellten erlangen zu können. Außerdem darf er sich nicht von Ausreden oder emotionalen Ausbrüchen dazu verleiten lassen, auf die Kritik zu verzichten.

Zum Abschluss des Gespräches muss die Führungskraft es schaffen, seinen Angestellten für die zukünftige Arbeit zu motivieren und sein Pflichtbewusstsein dem Unternehmen gegenüber wieder herstellen. Das Mitarbeitergespräch ist ein wertvolles Werkzeug, mit dem Sie Ihre Angestellten nicht nur für die berufliche Zukunft motivieren können, sondern auch Ihre eigenen sozialen Kompetenzen beweisen, indem Sie dem Angestellten anbieten, gemeinsam mit ihm konstruktive Lösungen zu erarbeiten, mit denen die Arbeitsatmosphäre wieder hergestellt werden kann.

Nutzen Sie diese wertvolle Möglichkeit, um einen menschlichen Umgang mit den eigenen Mitarbeitern zu üben. Das der Chef kein übernatürliches Wesen, sondern ein Mensch wie jeder andere auch ist, wissen die Angestellten natürlich, nun liegt es an Ihnen, dieses Verhalten auch an den Tag zu legen.

Mit den klaren Tipps und Tricks, die Sie durch diesen Ratgeber erfahren haben, können Sie die oft gefürchteten Mitarbeitergespräche in Zukunft leichter bewerkstelligen.

Wie Sie bemerkt haben, liegt Ihre größte Verantwortung in der Vorbereitung der Gespräche mit Ihren Mitarbeitern. Wer seine Mitarbeiter, deren Fähigkeiten, menschlichen Schwächen und Stärken kennt, kann jedem Mitarbeiter das individuelle Gespräch bieten und somit gemeinsame Ziele erarbeiten, mit denen sie Beide in Ihren Karrieren weiter kommen können und auch dem Unternehmen Erfolg bringen können.

Wer in der Führungsebene arbeiten möchte, der muss sich im Klaren darüber sein, dass Gespräche mit Mitarbeitern, anderen leitenden Angestellten oder mit eigenen Vorgesetzten an der Tagesordnung sind. Wenn Sie sich noch schwer in der Kommunikation tun, sollten Sie jede Gelegenheit dazu nutzen, Ihre individuellen rhetorischen Fähigkeiten weiter auszubauen. Vielleicht können Sie selbst hin und wieder Situationen mit anderen jungen Führungskräften durchspielen, damit Sie bei ernsten Mitarbeitergesprächen für jede Situation gewappnet sind.

Ebenso empfiehlt es sich, in alltägliche Situationen Ihre sprachlichen Kompetenzen weiter auszubauen. Sie werden mit der Zeit merken, wie die gelernten Inhalte in Ihren Alltag übergehen.

Gutes Führungspersonal zeigt sich längst nicht mehr nur durch die erlernten fachlichen Kompetenzen, sondern zeigt sich besonders sensibel im Umgang mit den Mitmenschen, führt die Angestellten motiviert und menschlich und kann auch im Umgang mit Vorgesetzten überzeugen. Wer über dieses Wissen verfügt, kann sich im Bewerbungsprozess für Führungskräfte gegen die anderen Kandidaten durchsetzen.

Sie werden schon bald sehen, dass Sie Ihre unterschiedlichen Kompetenzen auch im Alltag vernünftig einsetzen können und so schon bald Erfolg auf der ganzen Linie einfachen können.

Wer über große rhetorische Fähigkeiten verfügt, der schafft es, seine Mitarbeiter begeistern zu können. Sie werden zu einem Macher, dem die Mitmenschen gerne folgen. Sie können besser mit Menschen flirten und finden durch Ihr rhetorisches Geschick vielleicht schon bald die große Liebe.

Überzeugen Sie Ihre Mitmenschen und genießen Sie die Anerkennung, die Sie sich durch die Erarbeitung der facettenreichen Soft Skills so hart erarbeitet haben. Sie werden schon bald großes Ansehen in Ihrem privaten, aber auch dem beruflichen Umfeld erfahren, wenn Sie es in kurzer Zeit auf der Karriereleiter weit nach oben schaffen.

Sie können sich selbst auf Ihre beste Weise präsentieren und wissen genau, wie Sie sich durch die perfekte Körperhaltung für andere Menschen zeigen. Diese Fähigkeit hilft Ihnen auch, die innere Haltung Ihrer Mitmenschen anhand der Körpersprache zu lesen. Diese einzigartige Kombination von soft Skills und Wissen der Führungskräfte macht aus Ihnen einen empathischen Menschen, der für seine Mitmenschen, Angestellten und Vorgesetzten zu einem erfolgreichen Menschen wird, der seine Fähigkeiten aber auch an seine Mitarbeiter weitergeben will.

Für Sie als Person, die es ganz nach oben auf der Karriereleiter schaffen möchte, ist es unabdingbar, diese rhetorischen und emotionalen Fähigkeiten für sich zu beanspruchen. Setzen Sie sich von anderen Mitarbeitern ab, die es ebenfalls auf eine Anstellung in der Führungsposition abgesehen haben und überzeugen Sie Ihre Vorgesetzten von Ihren Kenntnissen und besonderen Fähigkeiten. Lassen Sie sich auf der Karriereleiter nicht überholen und lernen Sie Ihre Mitmenschen durch Ihre emotionale Intelligenz zu verstehen und zu führen.

Wer diese Skills in sich trägt und die einzelnen Komponenten zu einer Fähigkeit zusammenfügt, wird zu einem Mitarbeiter in der oberen Führungsetage, der unverzichtbar für jedes Unternehmen ist. Wenn Sie ein Meister im emotionalen Umgang mit Ihren Mitmenschen geworden sind, können Sie nicht nur Ihre Angestellten motivieren und überzeugen, sondern sich auch als Verkäufer beweisen, als Fachkraft tätig sein und sich auf Ihrem Gebiet so spezialisieren, dass Sie in jeder Branche eine Anstellung anstreben können.

Mit diesem Ratgeber haben Sie den ersten Schritt auf der langen Leiter einer erfolgreichen Karriere bereits gemacht. Wer nun seine

Fähigkeiten optimiert und den täglichen Umgang mit seiner emotionalen Intelligenz probt, spürt schon bald den Wunsch, auch seine Mitmenschen auf einen erfolgreichen Weg zu führen. Sie werden durch diese neuen Erfahrungen weiterhin motiviert, an Ihren eigenen Fähigkeiten zu arbeiten und können so neue Aufgaben übernehmen und sich auch Ihrem Chef beweisen.

Lassen Sie sich von Rückschlägen nicht entmutigen, sondern nutzen Sie diese Rückschläge um Ihre eigenen Fähigkeiten zu reflektieren und zu erkennen, wo Sie noch mehr Potential entwickeln können. Ich wünsche Ihnen viel Erfolg in Ihrem beruflichen und privaten Leben und wünsche Ihnen stets einen fairen Umgang mit Ihren Mitmenschen.

WEITERE BÜCHER VON CHERRY FINANCE

· · · · · · · · · · · · · · · · · · · ·

Nutzen Sie diese Bücher um Ihr Fachwissen zu vertiefen und erfolgreich Ihr Geld zu vermehren.

· · · · · · · · · · · · · · · · · · · ·

All unsere genannten Bücher können Sie als Audible Neukunde kostenfrei hören.

Unter:

https://cherryfinance.de/audiobuch

können Sie sich ein kostenfreies Buch Ihrer Wahl aussuchen und sofort auf Ihrem PC, Ihrem Smartphone oder Tablet in voller Länge anhören!

Zugangscode - Kostenfreies e-Book

Gehen Sie auf **https://link.cherrymedia.de/EPUB** und geben Sie Ihren Zugangscode ein um Ihr kostenfreies e-Book herunterzuladen.

B76Y-KO91-81WE

https://amzn.to/2SH6xnl

https://amzn.to/2Ehzf5x

https://amzn.to/2Ehzf5x

https://amzn.to/2Fk6XI7

Index

G

H

I

J

K

L

M

O

T

U

V

Printed in Poland
by Amazon Fulfillment
Poland Sp. z o.o., Wrocław

55542646R00137